PAINT *by* CALORIES

Recipes for female figures

依卡路里分級的
女性人物模型
塗裝技法

 國谷忠伸

CONTENTS

what's?

本書所說的「模型卡路里」 究竟是什麼？

大家是否曾經為了健身和健康而控制體重？即便沒有這類經驗，大概也可以想到卡路里和體重的關係吧！想有效增肌、增加體重，就會攝取較多的卡路里。相反的，想瘦身就會嚴格控管並且計算卡路里，以達到減重的目標。基本上我們都是透過日常飲食控制卡路里。然而，不論大家如何限制飲食，內心依舊渴望吃到美味的食物。

一提到低卡路里，在各位的腦海中會浮現什麼？大概會想到生菜沙拉這類餐點吧！但是只是將生菜切好裝滿一盆的料理，應該無法滿足大家的口腹之欲。為了讓低卡路里餐點更加美味，我們會著重料理的手法，花心思突顯食材的風味，讓選用的食材令人品味再三。換言之，所謂的低卡路里餐點絕不是可隨便馬虎的餐點。另一方面，高卡路里餐點大多味道豐富、令人食指大動，但是每天大魚大肉，也會令人感到厭膩。兩者各有優缺點，不論選擇哪一種，結論都是我們「想享用佳餚」。

原本所謂的卡路里是指熱量（能量）單位。本書將「心力」和「步驟」合計為模型塗裝耗費的熱量，並且用代表性的關鍵字「卡路里」來表示。超美味的豐富晚餐有很高的卡路里，而精緻的模型也會消耗很多的卡路里。整體而言，卡路里消耗越多，模型的精緻度越高。

瘦身的關鍵條件就是要盡量吃美味又低卡路里的食物，或是以「配合自身的卡路里消耗量」為前提來瘦身。這樣說來，我覺得「瘦身和模型塗裝頗有相似之處？」與其因為耗盡精力和時間，也就是利用燃燒過多的卡路里，來無止盡地追求作品的完美，而令人感到挫敗，倒不如「配合自身的卡路里消耗量來製作模型」。反過來說，本書的目的是「請大家了解完成理想作品所需的卡路里量」。不論是低卡路里的作品還是高卡路里的作品，大家的目標都是完成「令人回味無窮」的作品。我們請作者國谷忠伸依照卡路里量，一步一步完成作品的塗裝。接下來，請大家透過書中內容一窺堂奧，學會模型卡路里控制的塗裝技巧吧！

備註：本書定義的卡路里分別為300大卡以下為低卡路里，301～500大卡為中卡路里，501大卡以上為高卡路里（書中設定的卡路里來自編輯部的調查）。
如果換算成餐點大略如下：
● 嫩豆腐一塊（300克）大約168大卡（低卡路里）
● 油豆腐蕎麥麵大約370大卡（中卡路里）
● 培根蛋黃義大利麵大約830大卡（高卡路里）
請大家參考內頁說明，依照步驟作業。

Tadanobu Kuniya

國谷忠伸

以男性人物模型的思維，同樣以噴砂塗裝完成DEF. MODEL 1/35女性攝影師「Diana」。我從這時開始意識到化妝的重要，但是尚在摸索中。（AM雜誌2019年5月號作品範例）

1968年出生，居住在福島縣。專業人物模型塗裝師，擅長人物模型塗裝，作品逼真寫實。

大約2010年起開始接受塗裝代工的委託，2012年起正式以專業塗裝師為業。積極在各個領域有所展現，作品包括模型雜誌的作品範例、BRICK WORKS、MODELKASTEN等銷售的人物模型彩色範例。在國中時因為看到『HOW TO BUILD GUNDAM』的作品範例，而第一次為女性人物模型「鋼彈CHARA COLLE的SAYLA」塗裝。其實過去並不擅長人物模型塗裝，所以為了克服這一點開始積極練習，現在依舊不斷嘗試並且在錯誤中學習。

興趣是改車，最愛速霸陸SAMBAR麵包車，標準的SUBARU車迷。他也是一名正格的越野車手，熱愛摩托車旅行。愛車是經過大改的KAWASAKI KLR250和HONDA HUNTER Cub CT125。一到夏天就會化身海洋動物，水陸皆暢行無阻。身為瘋狂露營派，備有各種露營用具。K歌狂魔、嗜甜派，酒頂多偶爾小酌，咖啡卻是家傳的愛好。標準的貓奴。數字觀念薄弱。偏好軟膠類的模型，喜歡的機動戰士是薩克。他還是中美粉俱（中島美雪粉絲俱樂部）的會員。

MODELKASTEN第一版1/20立花SAKI。這款人物模型讓人體驗到模擬真實人物的難度。

在塗裝這些作品範例時，以有別於繪圖的手法摸索出材質的表現。左：田宮1/12街頭騎士（MG雜誌2020年3月號）右上：田宮1/35德國步兵套組（第二次世界大戰中期）（AM雜誌2020年1月號）右下2個：田宮1/35英國自走砲射手驅逐戰車（AM雜誌2019年2月號）

田宮1/35 KV-1 1941年型。製作時我想配合人物的解析度來塗裝車輛，而讓「人車看起來在同一場景中」。（AM雜誌2020年10月號）

插畫／森永洋

※AM（Armour Modelling）雜誌　MG（Model Graphix）雜誌

AIRBRUSH

塗裝廚房不可或缺的常用工具

模型師挑選工具時的原因千百種，包括容易取得、使用順手、個人習慣等，工具挑選可說是表現個人特質的主要重點。讓我們一起來看看國谷塗裝廚房使用哪些精選工具。

◀Mr. LINEAR COMPRESSOR L5
空壓機 L5
GSI Creos

安靜、小型、不易故障，所以是我長年愛用的工具。噴筆口徑小，不會覺得壓力不夠，配有 2 道濾水器。

◀山善烘碗機
YDA500（W）
山善

其實這是一台烘碗機，所以用於其他用途時要自行負責。最近我家烘碗機的溫度保險絲似乎壽命將近，故障中。

▶SPRAY-WORK HG
SUPER FINE AIRBRUSH
超級精緻噴筆
TAMIYA田宮

這是我日前使用的噴筆，方便購得、造型簡約，深得我心。基本上我只使用這款噴筆（偶爾才會使用 TAMIYA SPRAY-WORK BASIC田宮空壓機噴筆套組）。

▼Mr. Super Booth Compact新式靜音型抽風機
GSI Creos

因為覺得不是箱型造型，應該很方便使用而購入。雖然排風管可簡單和家用通風扇連接，但力道還是稍弱。畢竟還會使用底漆補土噴罐……。

▲SPRAY-WORK
Airbrush Stand Ⅲ 噴筆架Ⅲ
TAMIYA田宮

這是截至目前我覺得最好用的噴筆架。穩固而且是金屬絲線製成，所以也不怕稀釋液沾染，推薦給大家。

HANDLE

▲Mr. nekonote Ⅱ 噴漆夾（附塗裝支架）
GSI Creos

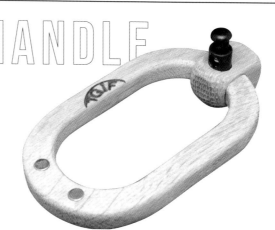

◀塗裝治具　橢圓形小型（附釹磁鐵）
惑星屋 arco

惑星屋 arco這款人物模型塗裝治具非常實用，是我作業的必備用具。和一般立型的治具不同，握筆的手可以穩固靠在治具上，推薦大家使用。

BRUSH

▶W&N水彩筆系列 7
（圓頭筆・柯斯基紅貂毛）No.0
W&N水彩筆系列 7
（圓頭筆・柯斯基紅貂毛）No.00
WINSOR&NEWTON溫莎牛頓

▲Streichen Pinsel
超級柯斯基紅貂毛
細描筆 S 尺寸
i-Craft

▲TAMIYA MODELING BRUSH PROII
田宮模型筆專家級面相筆　極細
含稅1320日圓　TAMIYA田宮

面相筆的尺寸為 00 號和 0 號，幾乎不會使用大於
這些尺寸的型號。我主要先用W&N的筆，再用
i-Craft的筆。我通常會蓋上筆蓋，並且視刷毛受損
程度改變用途。

MASK

GM70D小型直接連結式
重松

噴筆塗裝時的必須裝備。
尤其噴砂塗裝時，會從很
接近臉的距離使用噴筆，
所以一定要配戴防毒面
罩。大家也可以在住家附
近DIY店家購買專業防
具。裝置上的過濾棉匣
（過濾罐）有很多種類，
請不要選錯。

LOUPE

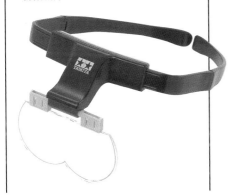

▼頭戴式模型放大鏡（附1.7／2／2.5倍的鏡片）
TAMIYA田宮

我現在幾乎都當老花眼鏡使用（笑）。

MICRO SCOPE

▶立體雙目顯微鏡　Great Eye　GE8500　MODELKASTEN

牙技師朋友向我推薦購入的產品。支架外型可彎折而非垂
直，有助於擴大作業範圍，還附有圈狀LED燈照明。

▶FINISH MASTER R 墨線擦拭棒R（250ml）　gaianotes蓋亞

國谷忠伸噴砂塗裝的特點是利用琺瑯漆擦拭技法，基本上會用筆擦拭塗
料，以便營造塗料殘留的樣子。但是若噴塗範圍超出所需部份時，又會想
完全擦拭乾淨。這些時候的擦拭作業都交由好用工具墨線擦拭棒R處理。
它還可以吸附清除因稀釋液脫落的顏料。

▲MR.BRUSH CLEANER
LIQUID模型筆刷專用清潔液
GSI Creos

當成稀釋液或工具清潔液清
洗筆後，還有潤絲效果，所
以直到塗裝完成都可以使用
這款產品。使用後，刷毛變
得容易聚攏。筆雖然是消耗
品，但還是希望藉由保養，
盡量延長使用期限。

▶MODEL CLEANING BRUSH
模型清潔筆刷（除靜電款）
TAMIYA田宮

用於塗裝前清除灰塵，很像神官的
大麻祓具，淨化汙穢（灰塵）……

▶PAINT REMOVER
強效去漆劑（250ml）
TAMIYA田宮

用於清除塗裝失敗時的顏料，
也就是重漆所需的用品。這款
產品不易使塑膠材質受損，使
用方便。因為是水溶性產品，
所以後續處理也很方便。另外
一提，我很常使用（哭）。

OTHERS

MAKEUP BASICS

PROLOGUE

PROFILE

堀口有紀

住在東京。自由髮型彩妝造型師，師從米澤和彥。2013年起獨立作業。目前廣泛與各界合作，包括雜誌、電視、電視廣告和平面廣告等領域。朋友暱稱她「堀」！

閱讀本書前
需知的化妝基礎

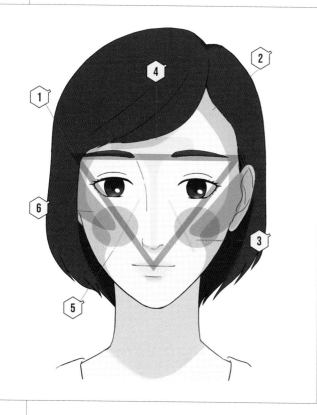

1 臉部黃金大三角

「臉部黃金大三角」是由編輯部構思的新詞，因為堀口小姐表示「即使只有臉部黃金大三角的妝畫好，『看起來妝容就很完整』」。尤其女性隨著年齡漸增，眼睛下方很容易顯露皺紋和細紋，所以眼周成了妝容重點。另外，從鼻翼側邊到眼尾、眉尾的線條又稱為「眉毛的黃金比例」（以下有詳細解說）。

3 腮紅 A

在臉頰塗抹的紅色。如圖加上圓形腮紅，臉會呈現圓潤可愛的效果。訣竅是以臉頰最高部位為中心（在臉部黃金大三角的線上）畫圓塗抹。如果塗抹在中心以下的位置，人會顯得有點呆傻，或是顯老。和眼睛等寬，畫圓輕輕塗抹上色。使用粉紅色和橘色，人會顯得較為可愛，使用帶有波多爾紅（紅茶色）的顏色，人會顯得俐落有型。

5 Golgo線（中顏面皺紋）

Golgo線（中顏面皺紋）的名稱源自超人氣漫畫『Golgo 13』的主角，狙擊手「Golgo 13」迪克東鄉臉頰上的相同皺紋。看得出來明顯呈現老化的效果。但是除了顯老，還能老得漂亮。很多女性因為年紀增長也會出現這樣的皺紋。

2 陰影修容

用稍微比自己膚色深（暗）一點的色號塗抹在圖示的部位，就可以讓臉的輪廓小一號，產生小臉的效果。重點是稍微塗抹至臉頰。另外，從腮幫子塗抹到脖子，就會讓臉和脖子之間的色調更為自然。膚色較深的人則建議加入相反的打亮色。如果想男性化一些，則建議將陰影（比肌膚深一點的色調）加在臉的四角。

4 T字區域

這是指圖像中用藍色標示成T字的區域。在這裡打上比自身膚色稍亮的色調（打亮色），就會讓輪廓更為立體，有外國人的感覺。重點是利用增加臉部的凹凸感，讓臉部中心顯得更高，不但有小臉效果，還給人明亮的印象。如果塗抹的產品帶有一些亮粉，就可以呈現目前流行的「光澤肌」。

6 腮紅 B

和③的腮紅不同，如圖示從太陽穴到臉頰最高的位置，畫出細長的腮紅，展現洗鍊的感覺。腮紅B和腮紅A的不同在於讓臉部線條更顯俐落。利用這樣的直線修飾，讓「臉顯得緊緻」。顏色建議和③相同，使用波多爾紅（紅茶色）。腮紅的鐵則是用手指等工具，將彩妝往臉部邊緣暈開。

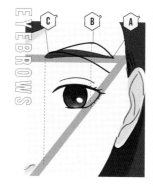

EYEBROWS

最近流行畫粗平眉。眉毛畫得較長顯得成熟，畫得較短則顯得稚嫩。眉毛顏色和髮色統一，就不會覺得突兀（其他人就不會只注意眉毛）。如果將眉毛的寬度往下方加粗，會給人主見較強的感覺，往上加粗則覺得這個人有點呆傻。眉頭細眉尾粗較男性化。描繪眉毛的重點在於眉尾最長只到臉部黃金大三角的頂點A，眉山則落在和眼珠外側同在一條線上的B，眉頭則落在和鼻翼同一條線上的C（這是眉毛的黃金比例）。眉毛上揚顯得較為強勢，持平則平易近人，下垂則顯得較為柔弱。

LIPSTICK

塗抹紅色會顯得很性感（豐唇妝），若要得自然則塗抹粉紅色。另外，有光澤的唇妝較為性感，霧面唇妝則較為成熟。嘴角往上描繪較年輕，往下描繪則有成熟的感覺。想強調唇妝，突顯唇形時，用唇線筆勾勒出唇部線條。不想突顯唇形時，用遮瑕膏和底妝可以讓唇形不明顯。而只在唇部中央塗抹唇蜜，就會形成嘟嘟唇。有些唇彩和膚色相襯，有些則顯得不搭調，建議要試塗確認。

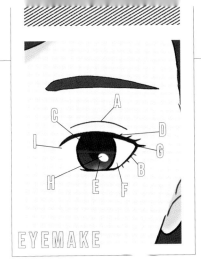

EYEMAKE

A 上眼瞼（雙眼皮）

乍看上眼瞼似乎不會影響整體妝容，卻是影響眼睛整體陰影色調的關鍵。如果這裡的妝畫得不好會顯得浮腫。

B 下睫毛

有沒有畫下睫毛成為眼睛完妝的差異關鍵。如果有畫下睫毛，會讓眼睛有放大的效果，如果沒有畫，就會顯得清新自然。

C 瞳孔（眼珠）

瞳孔讓眼睛顯得深邃。在明亮的地方會變小，在陰暗的地方會變大。情緒興奮時也會變大，或許可利用這個部位呈現出表情變化。

D 上睫毛

這是決定眼睛大小的重要因素。睫毛纖長上翹，會顯得炯炯有神。這也是調整眼神的地方。

E 虹膜

虹膜依人種呈現不同的顏色，明亮度和鮮豔度也因人而異。化妝時請選擇適合虹膜的色彩。

F 結膜（眼白）

結膜呈白色是由於鞏膜的顏色從結膜下方透出。插畫中有時會在此處描繪眼瞼的陰影。

G 眼尾

化妝時也會用眼尾展現表情和個性。眼尾上揚感覺較酷，眼尾朝下給人溫柔的感覺，往側邊拉長則給人妖豔之感。

H 眼神光

眼神光會影響角色個性。眼神光閃亮，角色會顯得活潑，眼神光黯淡，角色會顯得陰沉。

I 眼頭

眼頭和眼尾同樣是決定表情和個性的關鍵。往側邊或往下都會有不同的感覺。這裡還有淚腺，所以上下眼線之間可看到粉紅色的黏膜。

1 眼窩

眼球和眼眶骨交界的「凹陷」部分。在某處添加眼影就會消除凹陷感，加點明亮和光澤色調就會突顯整個周圍，有放大的效果。眼尾上揚的人不要畫得太重。基本上選用比膚色稍亮的打亮色。依選用的顏色會讓眼窩顯得深邃，讓眼妝更有層次。

2 眼影

這是在❶眼窩和眼睛下方❺❻上妝的產品和化妝方法的總稱，不過如果是雙眼皮的人，則多指眼睛邊緣到雙眼皮的顏色。透過在眼皮抹上漸層妝彩，可以讓眼睛更為立體。而一般越接近眼睛邊緣，會塗抹越深的顏色。另外還可以利用塗抹的方式讓眼睛呈現不同的感覺。

3 睫毛

基本上睫毛在眼瞼上呈放射狀的生長，長度大概是畫超過雙眼皮到眉眼之間1/2處。畫得越長，眼睛也會越大。如果只在眼珠上方畫得較長（圖示的綠色部分），眼睛整體看起來會又圓又可愛。如果將眼尾的部分畫得較長（圖示的黃綠色部分），看起來較為性感和強勢（眼睛看起來較長）。

4 眼線

眼線分成上揚、平行和下垂3種。眼線上揚較為強勢、性感，像小惡魔。眼線下垂顯得柔和、或有裝可愛的感覺。眼線平行較為一般自然，不想太引人注目時，建議用這種方式。化妝時比較少畫出眼睛下面的眼線。不要畫太粗，畫稍微看得出來即可。通常畫黑色或咖啡色，夏天有些人嘗試畫黃色。

5 垂眼線

從眼尾部分畫至眼睛下面1/3左右，使用和眼影一樣的顏色或相近色。會呈現大眼或只有垂眼的效果。畫出這裡的睫毛同樣會有垂眼效果。角色扮演等，想讓眼睛呈現如同二次元漫畫般的大眼效果時，大多會用眼線筆描繪出清晰的垂眼線。

6 流行的眼影線

最近流行的一種眼影線畫法。在這裡上色會有強調臥蠶的效果。強調臥蠶可以讓眼睛看起來變大，還可讓眼睛顯得水汪汪。通常使用白色或粉紅色。塗抹紅色則是所謂的「地雷妝」。但是在人物模型塗裝時，通常是人物造型本身有臥蠶時才會特別強調。

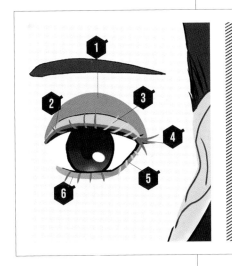

實際的化妝步驟

1 基礎保養＝表面處理

原本在基礎保養的階段就會先洗臉、塗化妝水補充水分、再塗抹乳液保濕鎖水，這是全日本女性的標準流程。如果只塗抹化妝水，臉上水分會蒸發，所以要再上一道乳液保護。將這些步驟替換成模型塗裝時，相當於有大量研磨作業的表面處理和湯口處理、用熱水煮模型之類的作業。

2 妝前修飾＝底漆補土

終於來到妝前修飾。為了讓肌膚經過基礎保養的充分補水後，能更容易塗抹上步驟3的粉底，而需要妝前修飾的步驟。透過這道妝前修飾，讓化妝過程中不易脫妝，將這一點替換成模型塗裝時，相當於底漆補土。另外，妝前修飾也會有各種顏色，可依照自身膚色改變顏色。

3 粉底＝基本色（膚色）塗裝

女性肌膚的細緻度、毛孔修飾、膚色均勻，都是透過粉底營造出來，這樣的說法絕非誇大其辭。從粉狀到液狀，產品類型多樣。這道步驟可說等同於人物模型塗裝的關鍵——膚色基本塗裝。尤其在女性人物模型方面，基本色（膚色）決定塗裝的成敗。各廠牌都有推出許多種塗料，所以請大家多試塗看看。

4 腮紅和打亮（腮紅和臉部立體輪廓）

從這道步驟開始進入正式化妝。前面的步驟是為了讓膚色均勻。從這裡開始，化妝時要時時謹記，化妝是為了讓肌膚產生出立體感。全世界女性除了追求無瑕肌膚之外，小臉效果是另一個追求的目標。透過立體感的營造，更能呈現小臉的效果。另外，在臉頰上妝除了營造出體感，還可以詮釋出女性可愛的面貌。

5 眼影（在眼皮上色）

一個人的印象可說來自於雙眼。眼影的步驟因人而異，各有不同，不過「堀」表示在眼皮上眼影時，先塗抹深色再疊加上淺色。其中的訣竅是塗深色再擦淺色，會有「顏色透出的層次感」。在人物模型塗裝時眼影也是作業重點，眼睛的樣子會因為眼影而有很大的轉變。請大家學習「堀」的方法，從深色開始仔細為人物模型上色。

6 眼線和睫毛（突顯眼睛輪廓）

透過眼睛邊緣（上下）的眼線描繪，能修飾眼睛的輪廓。這點可說同樣適用於人物模型的塗裝。尤其在人的眼睛勾勒出睫毛和眼線，就很容易呈現出「女性眼睛」的特徵，所以希望大家都能仔細描繪這個地方。角色扮演的妝容會明顯框描出眼睛線條，或許可以當成人物模型塗裝時的參考。

7 眉毛彩妝（眉毛塗裝）

「眉毛就是臉的畫框」，眉毛對臉部完成度的影響竟如此之大，甚至能完全改變整張臉給人的印象。眉毛短就顯得年輕，畫得長就會流露大姐姐的成熟感。細眉看起來會有些顯老，現在則流行平眉。原本化妝時就會有意識地順著眉毛生長方向一根根描繪。眉毛畫得太濃會不自然，所以建議人物模型塗裝時，從眉尾開始為佳。

8 唇妝＝口紅

為什麼要最後才畫唇妝呢？答案很簡單就是「容易脫妝」。理論上每次吃東西就容易脫妝的口紅，在化妝時也要最後才塗。這也是人物模型塗裝時很容易用色過重的部位。本書依照原本化妝的步驟，將嘴唇放在最後再塗裝。有陣子流行塗大紅唇妝，不過大紅色很挑人也很挑人物模型，使用時請小心。

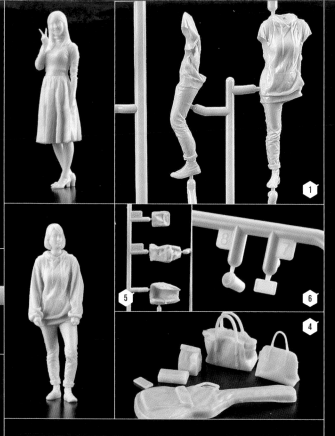

校園朋友套組 II 的套件開箱！

這款套件最值得一提的莫過於造型和部件之間的嵌合度。連帽衣的連帽抽繩都完美重現。不同的服飾透過皺褶的集中和流動方式表現布料的材質感，只看一眼也可以想像所穿的款式。而令人難以置信的是拿著手機和杯子的手是可拆開的部件，但是和其他部件的接合度宛若同一部件。坐在摩托車椅墊的人物，和椅墊、衣服之間幾乎是毫無縫隙。有些人物可自由選擇接合的手臂和臉部，所以提升了玩樂的豐富性。

校園朋友套組 II
TAMIYA田宮　1/24　塑膠射出模型套件
發售中　含稅2640日圓
洽詢TAMIYA田宮https://www.tamiya.com/japan/index.html

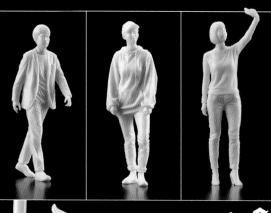

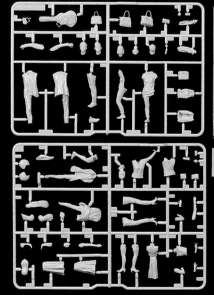

❶乍看會覺得部件分割複雜且組裝困難，但試著組裝後卻令人備感意外。部件之間完全接合，幾乎沒有縫隙。❷臉部部件的前額形狀有點奇怪，竟也是為了配合瀏海形狀的造型！服飾皺褶也很飄逸。❸高跟鞋（鞋子）的造型之美，也是不容錯過的亮點。從頭到腳充滿細膩的女性之美。❹套件中還有包包、小紙袋、吉他盒等各種豐富的小配件。❺背包利用 3 個部件的分割和結構，逼真表現出彷彿內有物品和口袋收納的狀況。❻還能用肉眼辨別出手機的按鍵和液晶螢幕！飲料杯連杯蓋和杯口的形狀都清晰可見。

CHAPTER 1

LOW CALORIE

SKIRT GIRL

裙裝女孩
（低卡路里）

依卡路里分級的
女性人物模型塗裝技法

*121*cal

材料豐富的豬肉燉湯，料理過程只有切、煮、混合，步驟少、卡路里低，卻是一道能填飽肚子的美味佳餚。卡路里大約等同鹽烤鯖魚和炙燒鰹魚（一人份）。

想不到豬肉燉湯真材實料，且營養又健康！

POINT_**1**

步驟簡單明瞭，
但是洋溢清新明亮感。
絕不能放棄展現女性氣質。

POINT_**2**

多虧造型設計才能展現的質感。
在紮實底漆表面，
細膩重複上色完成。

POINT_**3**

細膩的表情創作
襯托3D掃描輪廓。
這是「化妝」基礎中的基礎。

RECIPE

塗裝的創作手法為「底漆塗裝紮實」和「面漆薄塗疊加」！這個好用的技巧是為了讓模型呈現清新明亮和有細膩深度的濾鏡效果。只有臉部塗裝需要花一些時間完成！

這應該是校園朋友套組 II 中最容易塗裝的人物模型。雖然如此，卻散發小惡魔般的可愛，角色個性很容易掌握。很容易掌握也代表配色和表情都不太構成創作的困擾。另外，以塑膠模型來看，分割得非常精巧，分開塗裝也不太需要擔心容易失敗，甚至可以塗裝完所有部件後再組裝。因為作業簡單，所以設定為卡路里最低的題材。

01

02

03

04

05

06

07

08

09

10

11

12

13

14

15

16

17

TOOLS 使用工具

底漆補土

01 TAMIYA FINE SURFACE PRIMER L（PINK）
田宮底漆補土噴罐 L（粉紅色）

02 TAMIYA FINE SURFACE PRIMER L（LIGHT GRAY）田宮底漆補土噴罐 L（淺灰色）

臉部

03 Mr. COLOR LASCIVUS CL01 WHITE PEACH白桃

04 TAMIYA FIGURE ACCENT COLOR（PINK-BROWN）田宮墨線液（粉棕色）

05 TAMIYA PANEL LINE ACCENT COLOR（BLACK）田宮墨線液（黑色）

06 TAMIYA ENAMEL PAINT XF-2 FLAT WHITE
田宮琺瑯漆XF-2消光白色

07 TAMIYA ENAMEL PAINT XF-85 RUBBER BLACK 田宮琺瑯漆XF-85橡膠黑色

08 TAMIYA ENAMEL PAINT XF-64 RED BROWN
田宮琺瑯漆XF-64紅棕色

09 TAMIYA ENAMEL PAINT XF-7 FLAT RED
田宮琺瑯漆XF-7消光紅色

10 TAMIYA ENAMEL PAINT X-22 CLEAR
田宮琺瑯漆X-22透明色

11 Mr. COLOR C41 RED BROWN紅棕色

手腳

12 TAMIYA ENAMEL PAINT XF-57 BUFF
田宮琺瑯漆XF-57皮革黃

13 gaianotes gaia color 051 notes flesh
蓋亞gaia color 051膚色

衣服

14 gaianotes gaia color 223 interior color
蓋亞gaia color 223戰車內色

15 Mr. COLOR C316 WHITE FS17875白色

16 gaianotes VIRTUAL-ON COLOR VO3-9風蒼
蓋亞電腦戰機專用色VO3-9風蒼

17 gaianotes CRUSHER JOE COLOR CJ-01 SEA BLUE
蓋亞宇宙先鋒專用色CJ-01海藍色

STEP 作業流程

● 人物模型塗裝有一個理論是「陰影描
繪」，但是本篇範例刻意不採用這套作
法，而是利用3D掃描人物模型的特色
「龐大精準的資訊量」，也就是活用素
材本身的優勢，不添加拙劣的調味修
飾，而是簡單完成一道美味清爽的成
品。步驟是從靠近肌膚的內側慢慢向外
側塗裝。首先從肌膚到衣服依序上色，
最後再完成頭髮塗色。

SKIRT GIRL_ FACE

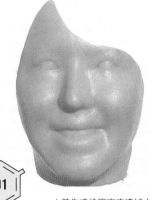

01

▲首先噴塗田宮底漆補土噴罐L（粉紅色）。使用底漆補土是為了加強塗料的服貼度並且避免透出部件顏色。另外，將這個粉紅直接當成膚色的底漆，就會呈現氣色很好的效果。但是，3D掃描造型的刻痕稍淺，所以請不要塗得太厚。如果模型刻痕被底漆填補，請用強效去漆劑等清除。

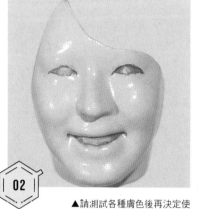

02

▲請測試各種膚色後再決定使用的塗料。為了避免塗裝表面龜裂，建議將塗料稍微調淡稀釋後，再多次重複上色，讓色調慢慢顯現。等到塗抹至滿意的色調時，用光澤透明漆噴塗表面調整。乾燥後在眼睛和嘴巴滲入墨線液（粉棕色），再用乾淨的稀釋液擦拭調整輪廓。可不需要在意內側。為了保護漆膜，每道程序都請用透明漆鍍膜。

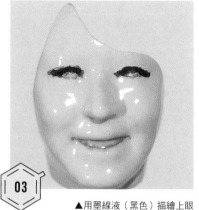

03

▲用墨線液（黑色）描繪上眼睫毛。盡量使用極細面相筆。先在調色盤上調至可點畫的濃度。將前一道步驟的粉棕色墨線液當作輔助線，集中描繪出睫毛外側的輪廓。不是畫線而是用點畫並列的方式，慢慢加上少量的塗料。雖然不需要在意塗到眼睛內側，但是為了避免弄髒肌膚，請盡量將塗料只加在需要上色的部分。

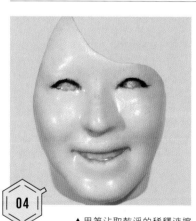

04

▲用筆沾取乾淨的稀釋液擦拭，調整上眼睫毛的形狀。請分別準備清潔用和擦拭用的稀釋液，畫筆也要勤加清洗。眼頭的眼睫毛要畫得比較細，往眼尾畫時加粗。內眼角（眼頭）部分，建議露出之前滲入的粉棕色線條。不需要刻意畫出根根分明的捲翹眼睫毛。另外，不需畫出下眼睫毛。

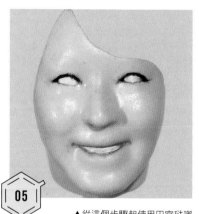

05

▲從這個步驟起使用田宮琺瑯漆塗裝。首先用消光白色塗在眼白以及牙齒。這時和睫毛一樣，用稀釋液擦拭超出的顏料並調整輪廓。尤其下眼瞼的邊緣，要調整成可看出粉棕色的眼睛輪廓。牙齒塗裝畫出前排牙齒的感覺即可。這道作業完成後，用透明漆加上一層漆膜保護，完整鍍上一層膜。

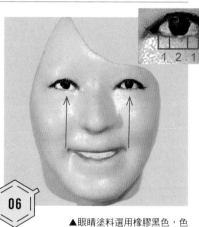

1 2 1

06

▲眼睛塗料選用橡膠黑色，色調帶點藍色，只要加上光澤就能呈現有深度的色調。在嘴角的正上方畫一個小小的點就是瞳孔，接著再慢慢畫大就成了眼睛。眼睛用這種畫法就不容易失敗。眼睛的大小會明顯改變一個人的印象，所以不要心急，隔一段時間後再重新確認。另外，眼白和眼珠的黃金比例為1：2：1，供大家參考。從這個步驟開始使用消光透明漆鍍膜。

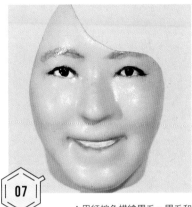

07

▲用紅棕色描繪眉毛。眉毛和眼睛一樣是能賦予角色個性的關鍵部位,眉毛的形狀和位置更是如此。將塗料稀釋至可以清洗的程度,眉毛和上眼睫毛一樣用並列畫點的方式描繪。因為用消光透明漆鍍膜,所以輪廓後會變得有點模糊又不容易擦除,還請小心留意。這個時候若仍殘留一些痕跡,請使用墨線擦拭棒R吸附擦拭乾淨。

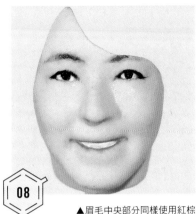

08

▲眉毛中央部分同樣使用紅棕色輕輕點畫。稀釋程度和步驟07描繪眉毛時相同,可清洗的程度即可。從眉毛中央部分到稍微靠近眼頭處,有意識地用層層上色的方式增添立體感。但是這時請注意,不要將中央部分重複塗抹得太濃。

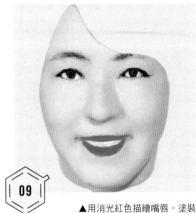

09

▲用消光紅色描繪嘴唇。塗裝的技巧和眉毛相同,一開始用稀釋塗料決定形狀,再重疊上色,加深中央部分,並增加嘴唇厚度。如果覺得消光紅色太過鮮豔時,可以利用混色調整。如果想營造出自然唇色,可混入消光皮膚色。

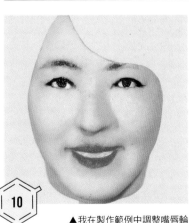

10

▲我在製作範例中調整嘴唇輪廓後用消光透明漆鍍膜時,眼睛等黑色部分產生一層霧感,呈現暗沉的樣子。大家遇到這種情況,請不要慌張,先不要重新塗裝,而是先輕輕噴上一層稀釋液確認狀態。通常程度輕微時,大多使用這種方式處理即可。另外,之後會在眼睛塗上透明漆,所以也會在這個時候就恢復原狀。如果真的非常在意,請用塗料在表面再次描繪,並小心不要塗超過。

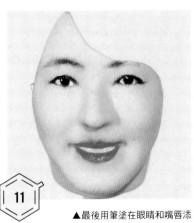

11

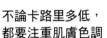

▲最後用筆塗在眼睛和嘴唇添加光澤。這時的重點是不要在眼白塗上透明漆。有時眼睛添加光澤後會呈現完全不同的感覺。因此,整體組合好後,再次確認整體的平衡,調整眼睛的大小。嘴唇建議只在下唇塗上透明漆打亮即可。

不論卡路里多低,都要注重肌膚色調

▲為了減少作業的步驟,會用塗滿顏色的方式處理肌膚塗裝,但是事前會先用好幾種塗料製成色調試片,以便找出最適合的肌膚色調。試片全部都先噴上田宮底漆補土噴罐 L(粉紅色)打底後再使用。使用的塗料是①田宮硝基漆LP-66消光皮膚色。②Mr. COLOR LASCIVUS白桃。③蓋亞gaia color 054膚橘色。④蓋亞gaia color 053膚色粉紅。⑤蓋亞gaia color 052膚色白。⑥蓋亞gaia color 051膚色。所有試片都用噴筆塗裝上色。硝基漆很容易受到底漆影響,但是因為濾鏡效果即便塗滿顏色也很容易產生有深度的色調。另外,這次作品中使用的是②。

SKIRT GIRL_LEG

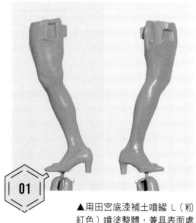 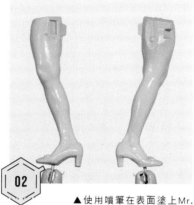 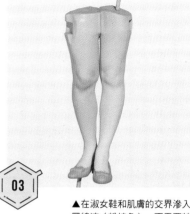

01

▲用田宮底漆補土噴罐 L（粉紅色）噴塗整體，兼具表面處理和底漆的功能。這道步驟和臉部塗裝時相同。請注意組裝的部位也要塗到，不要留白。另外，在作品範例中為了方便後續嵌合，所以事先削除一部分。

02

▲使用噴筆在表面塗上Mr. COLOR LASCIVUS白桃。塗抹時要稍微調淡稀釋，並且用重複塗抹的方式上色，不要讓表面產生粗糙感。這次可不需要考慮陰影和質感，但是希望大家注意，不要一次添加太濃的塗料，或是重複塗抹太多次而失去透明感。

03

▲在淑女鞋和肌膚的交界滲入墨線液（粉棕色）。不需要特別渲染，但是如果太超出範圍時，請使用墨線擦拭棒R擦拭乾淨。淑女鞋用田宮琺瑯漆皮革黃筆上色後，將左右腳接合。整體用消光透明漆鍍膜即完成。淑女鞋也可以用半光澤透明漆筆塗修飾。

SKIRT GIRL_WEAR

 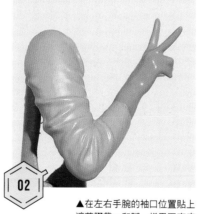

01

▲手臂部件的接合度極佳，所以為了將接合處當作衣服的縫線保留下來，將身體和手臂分別塗裝。將包括裙子的身體完全接合。如果有產生縫隙，請用補土填補縫隙。接合後，整體用田宮底漆補土噴罐 L（淺灰色）完成表面處理。

02

▲在左右手腕的袖口位置貼上遮蓋膠帶，和腳一樣用田宮底漆補土噴罐 L（粉紅色）塗上底漆。袖口的遮蓋膠帶不需要黏得很嚴實，但是請注意肌膚的部分一定都要上色，不要有遺漏之處。

03

▲在表面塗上Mr. COLOR LASCIVUS白桃。手和腳一樣都要注意不要失去透明感。面漆塗好後，在手指的交界滲入墨線液（粉棕色），指尖用蓋亞gaia color膚色畫出指甲。指甲也可以畫成有塗指甲油或有裝飾美甲的感覺。

018

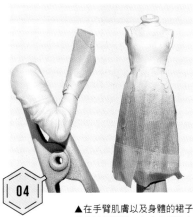

04

▲在手臂肌膚以及身體的裙子貼上遮蓋膠帶，在中央塗裝上色。這個部分雖然呈直線，仍要仔細密集噴塗，不可有遺漏之處。裙子塗裝的分界線不等於部件分割線，還請留意。首先塗滿蓋亞gaia color戰車車內色，接著將Mr. COLOR白色FS17875稍微調淡稀釋，並且塗在表面。利用層層堆疊漸漸上色，所以塗色時要一邊確認上色的程度。

05

▲再次遮蓋身體中央部分，接著完成裙子的塗裝。這時遮蓋膠帶的邊界會沿著腰部內凹處產生皺褶的形狀，很容易產生縫隙，所以上色時還請留意。視需要也可以同時使用遮蓋液或遮蓋膠等液態的產品。

06

▲用噴筆塗滿蓋亞電腦戰機專用色風蒼（KAZE AO）當成底漆。裙子褶襬深處以及皺褶明顯的部分請注意不要遺漏。另外，稍微可以看到切面和內側的部分也不要忘記上色。

07

▲將蓋亞宇宙先鋒專用色海藍色稍微調淡稀釋後塗在表面。蓋亞gaia color塗料是遮蓋力特別高的塗料，所以請注意稀釋的程度。在這個步驟，褶襬深處沒有完全塗滿也無妨。最後，塗上消光透明漆鍍膜後，就可以和雙臂接合。組合時請千萬小心不要讓接著劑溢出。

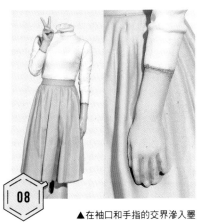

08

▲在袖口和手指的交界滲入墨線液（粉棕色）。這時請注意不要使塗料滲入袖口的另一邊。如果不小心滲入，又無法用墨線擦拭棒R擦拭乾淨時，請重新補色，將袖口修飾出明顯的分界。

SKIRT GIRL_**HAIR**

01

▲頭髮和各部件連接，不要噴塗底漆補土，而是要用Mr. COLOR紅棕色筆塗上色。用硝基漆筆塗上色時，要先在調色盤上充分調淡稀釋。在頭髮波浪的頂點稍微透出一點成型色，就能營造出立體感和透明感。如果筆塗時順著頭髮的模型刻痕描繪，就不需要在意筆觸痕跡。頭髮和臉部部件接合時，請注意不要讓接著劑溢出，並建議使用水性接著劑。

CHAPTER 2

HIGH CALORIE

🍴🍴

SKIRT GIRL

裙裝女孩
（高卡路里）

依卡路里分級的
女性人物模型塗裝技法

SKIRT GIRL

850cal

將雞肉飯加入番茄醬拌炒，再用蛋包裹捲起，就成了一道經典人氣餐點「蛋包飯」。卡路里量和蛋包飯相等的餐點還包括牛肉咖哩、親子丼和培根蛋黃義大利麵等，這些都屬於主餐類的餐點。

奶油飯搭配多蜜紅醬也超美味！

POINT_1

想追求美，就必須下功夫。
目標是創作出淡雅女孩！

POINT_2

化妝並非魔法。
向令和女子學習
初階基礎底妝。

POINT_3

只有淡雅還不夠，
用清新的薄荷綠
牢牢抓住他的視線。

RECIPE

化妝正是讓女性裝扮更加可愛的關鍵！不過拿實際化妝的用具來幫人物模型塗裝，這可有點行不通……。因此我盡量有系統地向大家介紹適合人物模型的化妝方法！

所謂的高卡路里塗裝也就是多花一些心思，所以如果無法構思出目標樣貌，就永遠無法結束。而這就是箇中樂趣，不過我們不是要做出羅馬貴族的晚餐，所以設定明確的主題和目標，動手塗裝吧！

這個作品範例特別以化妝為主題來製作。化妝稱得上女生的戰鬥服，所以在女性人物模型塗裝方面，可說是絕對不容忽視的重點（請參考P.10～11和AM2020年12月號特刊「強勢酷帥女孩」）。

TOOLS 使用工具

01

02

03

底漆補土

01 TAMIYA FINE SURFACE PRIMER L（PINK）田宮底漆補土噴罐 L（粉紅色）

臉部

04

05

06

02 TAMIYA LACQUER PAINT LP-66 FLAT FLESH田宮硝基漆LP-66消光皮膚色

03 Mr. COLOR Milky Pastel Color Set Red Ver. CP10 Cherry Red
Mr. COLOR牛奶粉彩紅色套組CP10櫻桃紅

04 Mr. COLOR C316 WHITE FS17875白色

05 Mr. COLOR LASCIVUS CL01 WHITE PEACH白桃

06 TAMIYA FIGURE ACCENT COLOR（PINK-BROWN）田宮墨線液（粉棕色）

07

08

09

07 TAMIYA ENAMEL PAINT XF-15 FLAT FLESH田宮琺瑯漆XF-15消光皮膚色

08 TAMIYA ENAMEL PAINT XF-2 FLAT WHITE田宮琺瑯漆XF-2消光白色

09 TAMIYA ENAMEL PAINT XF-7 FLAT RED田宮琺瑯漆XF-7消光紅色

10 TAMIYA ENAMEL PAINT XF-9 HULL RED田宮琺瑯漆XF-9艦底紅

10

11

12

11 TAMIYA ENAMEL PAINT XF-64 RED BROWN田宮琺瑯漆XF-64紅棕色

12 TAMIYA ENAMEL PAINT XF-85 RUBBER BLACK 田宮琺瑯漆XF-85橡膠黑色

13 TAMIYA ENAMEL PAINT XF-52 FLAT EARTH田宮琺瑯漆XF-52消光泥土色

14 TAMIYA ENAMEL PAINT XF-1 FLAT BALCK田宮琺瑯漆XF-1消光黑色

13

14

15

15 TAMIYA ENAMEL PAINT XF-24 DARK GARY田宮琺瑯漆XF-24暗灰色

16 Mr. COLOR C125 COWING COLOR引擎綠

17 Mr. COLOR C62 FLAT WHITE消光白色

18 Mr. COLOR C41 RED BROWN紅棕色

19 Mr. WEATHERING COLOR FILTER LIQUID LAYER VIOLET舊化液漸層紫羅蘭

手腳

16

17

18

20 Mr. COLOR LASCIVUS CL04 PALE CLEAR ORANGE透明淺橘色

21 TAMIYA ACRYLIC PAINT XF-2 FLAT WHITE田宮壓克力漆XF-2消光白色

衣服

19

20

21

22 Mr. COLOR Milky Pastel Color Set Green Ver. CP02 Muscat green
Mr. COLOR牛奶粉彩綠色套組CP02葡萄綠

23 Mr. COLOR LASCIVUS Aura CL101 BLOND
Mr. COLOR LASCIVUS Aura CL101金色

24 Mr. COLOR Milky Pastel Color Set Green Ver. CP04 Turquoise green
Mr. COLOR牛奶粉彩綠色套組CP04綠松色

25 Mr. COLOR Milky Pastel Color Set Green Ver. CP03 Mint green
Mr. COLOR牛奶粉彩綠色套組CP03薄荷綠

22

23

24

25

STEP 作業流程

● 請大家比較看看，相同的材料，如果製作時堆疊更多的卡路里，又會完成甚麼樣的成品？本篇範例盡量不加重工作的細節，只著重在塗裝。

● 分別使用噴筆和筆塗提升肌膚塗裝的深度。我會透過臉部詳細解說本篇範例關鍵「化妝」的重點。

● 服裝方面也利用噴筆塗裝，完成更鮮豔顯色的色彩。

THEME_ **SKIRT GIRL**

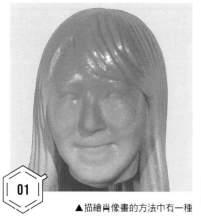

01

▲描繪肖像畫的方法中有一種方式是將臉部色調分成三個區塊來構思。方法淺顯易懂，所以這次我也嘗試應用在人物模型塗裝中。作品範例將人物設定為日本女性，所以先將臉部下方1/3處設定為黃色系，用噴筆噴塗上田宮硝基漆消光皮膚色。

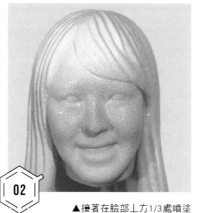

02

▲接著在臉部上方1/3處噴塗上Mr. COLOR白色FS17875。因為是底漆，所以色調稍微不均勻也沒關係。建議從上方稍微傾斜噴塗。

03

▲前一個步驟噴塗的2種顏色的區塊範圍有點太廣，所以在臉部的中央區塊噴塗上Mr. COLOR牛奶粉彩紅色套組櫻桃紅來調整色調。

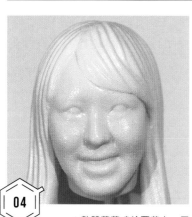

04

▲整體薄薄噴塗覆蓋上一層Mr. COLOR LASCIVUS白桃。這是遮蓋力頗強的一款塗料，所以建議混入一些透明漆使用。作業時請注意不要噴塗過多，以免完全遮蓋住底漆。

05

▲為了讓眼睛形狀更加清楚，用墨線液（粉棕色）描繪輪廓線，同時還可充當眼影打底。雖然在下一個步驟會有擦拭作業，但是盡量只在需要的部分上色，以免留下如細紋般的痕跡。

06

▲用筆沾取乾淨的琺瑯漆稀釋液擦拭粉棕色。應該可看出留有淡淡的色調。像這樣將色彩塗抹擦拭後的色調運用手法，是這次技法的重點。希望大家可以掌握這個步驟的感覺。如果想完全清除塗料時，請使用墨線擦拭棒R吸除乾淨即可。

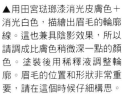

07 ▲用田宮琺瑯漆消光皮膚色＋消光白色，描繪出眉毛的輪廓線。這也兼具陰影效果，所以請調成比膚色稍微深一點的顏色。塗裝後用稀釋液調整輪廓。眉毛的位置和形狀非常重要，請在這個時候仔細構思。

08 ▲用田宮琺瑯漆消光皮膚色＋消光白色＋消光紅色，調出黏膜的粉紅色，並且塗在眼球部分。以步驟05中描繪的輪廓線為基準，決定眼睛的形狀。同時用田宮琺瑯漆艦底紅在嘴巴滲入墨線，這也是在描繪嘴型的輪廓線。

09 ▲用田宮琺瑯漆消光紅色描繪嘴唇。照片中雖然並未顯示，不過唇色先稀釋成可滲入墨線的程度，再描繪大致的唇形。用稀釋液調整輪廓後，在小於大致唇形的內側範圍塗色。這時筆要垂直描繪，有意識畫出嘴唇細紋。

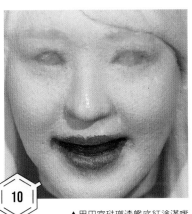

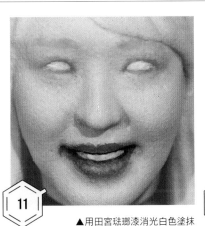

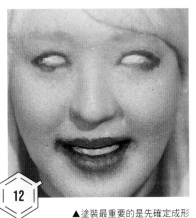

10 ▲用田宮琺瑯漆艦底紅塗滿嘴巴內部。這裡先用消光透明漆鍍膜。

11 ▲用田宮琺瑯漆消光白色塗抹眼白和牙齒。眼白部分從眼頭往下眼瞼整個塗滿。牙齒內側整個塗滿，但是嘴角部分要多留下一些先前描繪的輪廓線色調。建議清楚描繪出前排牙齒，並且用消光白色打亮下唇。接下來將正式進入化妝的步驟。有許多細節作業，所以請慢慢塗裝。

12 ▲塗裝最重要的是先確定成形的樣貌，再開始著手作業。即便作業相同，也會因為臉部設定，而在選色和配置方面有所變化。如果隨意塗裝，便無法描繪出理想的樣貌。這次的目標是嘗試創作出清新可愛的大姐姐。首先為了讓眼睛呈現又大又溫柔的感覺，用紅棕色在眼尾畫出垂眼線。請注意不要讓顏色滲入眼白。

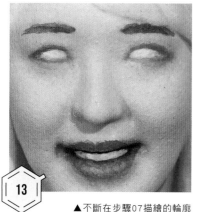

13

▲不斷在步驟07描繪的輪廓線上疊加紅棕色，描繪出眉毛大致的形狀。依照最近的流行，描繪出平行粗眉。描繪時依照眉毛的黃金比例（請參考P.10），將眉頭描繪在鼻翼的正上方，眉尾畫至鼻翼和眼尾的延伸線上。

XF-64

14

▲用筆沾取乾淨的稀釋液渲染眉毛和垂眼線。這裡的訣竅在於用筆沾取吸附而非以擦拭的方式來渲染。如此一來，將分別形成眉毛汗毛和陰影這兩種效果。如果顯得太稀或渲染範圍太廣，重複這個步驟即可。

15

▲用Mr. Weathering Color舊化液漸層紫羅蘭在眼線周圍加入陰影。用筆沾取充分攪拌後的舊化液，稍微用擦拭紙吸收。這樣一來，就能稍微減少一些溶劑成分，而擦拭紙表面會殘留較濃的塗料。再用筆沾取這個塗料塗裝。

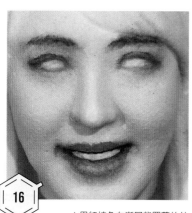

16

▲用紅棕色在漸層紫羅蘭的外側畫出雙眼皮的線條。如果很難畫出細線條時，只要集中描繪在陰影的交界處，再用稀釋液淡化調整靠近眉毛的色調就簡單多了。另外，用點觸的方式添加在眉毛內側來增加眉毛的分量。如果可以，建議用畫線的方式描繪，表現出眉毛的毛流。

XF-64

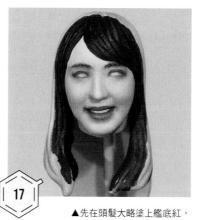

17

▲先在頭髮大略塗上艦底紅，確認顏色呈現的效果。因為畫框效應（※）會影響外觀，所以在早一點的階段為頭髮上色，或許較有利於後續作業。頭髮可以使用和眉毛相同的顏色，也可以使用稍微暗一點的顏色。這裡要仔細用消光透明漆鍍膜。

XF-9

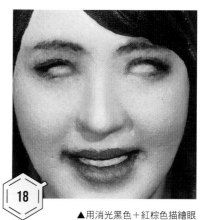

18

▲用消光黑色＋紅棕色描繪眼線。這時不是在畫眼睫毛，而是相當於化妝步驟中用眼線筆描繪眼線，所以要清楚描繪，不要渲染。大約從上眼瞼的頂點往眼尾畫粗，畫至眼尾後要稍微將線條往下方勾勒，就能詮釋出「心機小惡魔」的樣貌。

XF-1

XF-64

※畫框效應：如畫框般在目標物的周圍添加一些元素框住，藉此在構圖上產生突顯目標，或填補、豐富空白空間的效果。這也是照片拍攝的技巧之一。

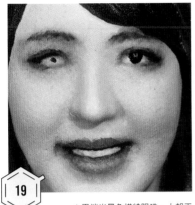

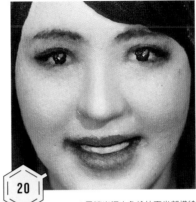

▲用消光黑色描繪眼珠。人朝正面看時，基本上瞳孔會在嘴角的正上方。一開始先點畫一個小點，再一邊確認整體比例一邊畫大，如此就不容易失敗。眼珠和眼白的比例為1：2：1，人稱黃金比例，不過將眼珠畫得稍微大一些會顯得更加可愛。

▲用消光泥土色塗抹下半部描繪出虹膜，並且保留眼珠的消光黑色當成眼珠的輪廓線。到此先塗上一層透明漆鍍膜後，再用暗灰色在上側描繪出反光。接著用消光黑色在中央點畫出瞳孔後，用消光白色點畫出更小的眼神光。

▲先用引擎綠塗滿整個頭髮。引擎綠是一種看似黑色的深藏青色，比用消光黑色塗裝更能呈現烏黑亮麗的秀髮。接著不針對細節描繪，而是用紅棕色大面積塗抹打亮。將紅棕色和引擎綠混合，用來調和銜接兩色，但是不要畫成整片的漸層色調，而是要順著髮流方向重複畫線，這樣就很容易營造出長髮飄逸的感覺。

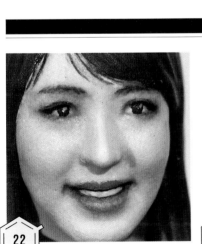

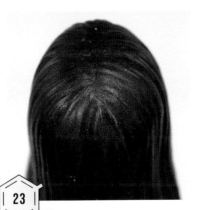

▲因為我覺得瀏海和額頭有點像各自分開的部件，所以用田宮琺瑯漆橡膠黑色添加一些瀏海。在臉部額頭描繪出瀏海線條。請注意只是要讓部件有融為一體的感覺，不要添加太多。

▲在頭頂，也就是人稱「天使光圈」的部分，添加消光泥土色＋紅棕色打亮。接著在其中添加消光白色，以明亮度更高的顏色，沿著稜線畫出細細的打亮線條，頭髮就能呈現立體感。但是不要畫得太多。

▲組合所有部件時，我覺得眉毛下面以及上眼瞼的立體感稍嫌不足，所以用消光白色＋消光皮膚色加上打亮。另外，還在想要打亮的部位稍微塗色調整。

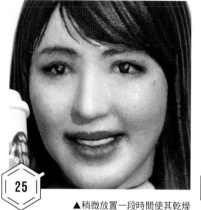

▲稍微放置一段時間使其乾燥後，用乾淨的稀釋液擦拭。這時候如果筆沾附太多稀釋液會破壞塗裝，所以先用擦拭紙吸收一些稀釋液，調整筆的沾附量。

▲以眼皮打亮的相同要領，在臉頰加上腮紅。用消光白色＋消光紅色＋消光皮膚色，營造出帶有明顯紅色調的粉紅色，就能呈現健康好氣色。

▲這裡也在稍微乾燥時用乾淨的稀釋液擦拭，只留下隱約的腮紅色調。如果塗一次的效果不明顯，就重複好幾次這個步驟。但是仍請小心不要畫得太重。

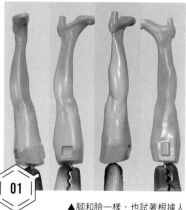

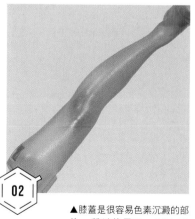

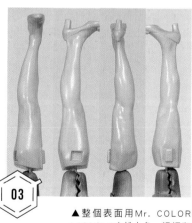

▲腳和臉一樣，也試著根據人體構造表現出紅色調的差異。整體用田宮底漆補土噴罐L（粉紅色）打底後，分別用田宮硝基漆消光皮膚色在大腿外側前面以及腳踝腳背添加黃色調，使用Mr. COLOR白色FS17875在膝蓋後側和小腿肚添加白色調。

▲膝蓋是很容易色素沉澱的部位，所以使用Mr. COLOR LASCIVUS透明淺橘色稍微表現出較深的膚色。

▲整個表面用Mr. COLOR LASCIVUS白桃上色。這裡和臉一樣不要完全遮蓋住底漆，一邊觀察整體狀況一邊上色。

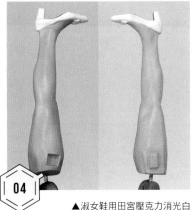

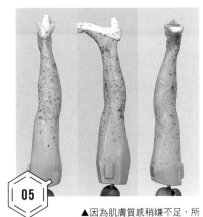

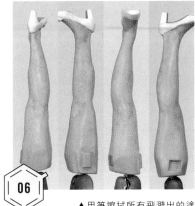

▲淑女鞋用田宮壓克力消光白色筆塗上色。這裡要仔細塗色，不可露出先前塗抹的膚色，要完全遮蓋住。

▲因為肌膚質感稍嫌不足，所以隨意添加上紅色調。用筆沾取田宮琺瑯漆艦底紅後，用手指彈筆尖，讓塗料噴灑飛濺。原本應該在淑女鞋上色之前完成這個步驟。

▲用筆擦拭所有飛濺出的塗料。照片是處理到一半的過程，如果擦拭不完全，就會顯得很髒，所以請仔細擦拭。如果產生細紋，擦不乾淨時，請使用墨線擦拭棒R吸除擦拭。若仍無法消除汙漬感，還有另一種方法是在剛才使用的 Mr. COLOR LASCIVUS白桃加入透明漆後，塗在表面。

SKIRT GIRL_ SKIRT

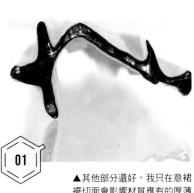

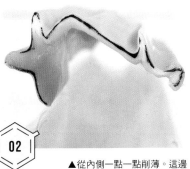

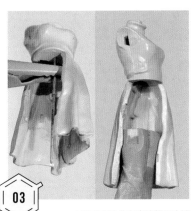

▲其他部分還好，我只在意裙襬切面會影響材質應有的厚薄度，所以想進一步加工處理，讓這邊顯得薄一些。如果先用簽字筆在切面塗色，就可以明顯看出削切的程度。

▲從內側一點一點削薄。這邊如果將部件分開削薄，將部件組合後可能會有無法銜接的情況，所以先暫時組合，再一點一點削薄處理。

▲裙子先接合左邊的部分比較有效率。裙子內側套組薄荷綠用牛奶粉彩綠色上色，再接合貼有遮蓋膠帶的雙腳部件。

SKIRT GIRL_ BODY

01

▲接合剩下的裙子部件，仔細處理接合痕跡（尤其是腰部周圍）。之後整體用牛奶粉彩綠色套組綠松色塗上底漆，再從上方斜角噴上薄荷綠。最後整體再輕輕噴霧塗上薄荷綠＋消光白，就可呈現柔和的色調。

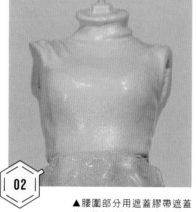

02

▲腰圍部分用遮蓋膠帶遮蓋後，將上半身塗色。為了避免塗料噴灑進遮蓋處，建議使用遮蓋膠或遮蓋液仔細填塗縫隙處。裙子為綠色系，為了統一色調，上半身也用綠色系搭配，所以底色塗滿Mr. COLOR牛奶粉彩綠色套組葡萄綠。

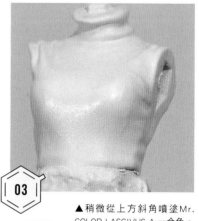

03

▲稍微從上方斜角噴塗Mr. COLOR LASCIVUS Aura金色。這時噴灑角度不要太斜。大概和水平面成30度角即可。最後再稍微斜傾地噴塗上Mr. COLOR白色FS17875打亮。

SKIRT GIRL_ HAND

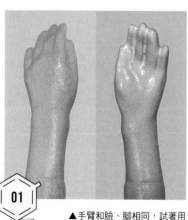

01

▲手臂和臉、腳相同，試著用底漆表現紅色調的差異。大致上是手掌為白色，手背色素較深。另外，指尖的紅色調較為明顯。請參考自己的手臂仔細觀察。用田宮底漆補土噴罐L（粉紅色）打底，手掌用Mr. COLOR白色FS17875塗底色，手背用田宮硝基漆消光皮膚色塗底色。指尖和關節處要留下較重的粉紅色調。

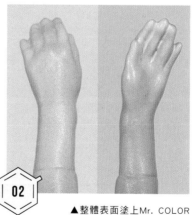

02

▲整體表面塗上Mr. COLOR LASCIVUS白桃。如果覺得紅色調不足，就如同在臉頰塗腮紅一樣，用相同的要領來添加色調。最近雖然流行在關節部分加上明顯的紅色調，但是畫得太重反而讓手好像受寒凍傷一般，所以還請注意。另外，這個部件的手掌部分不會露出外顯，所以簡單大致塗色。

03

▲完整遮蓋手腕，為袖子部分塗上不同的顏色。整個袖子塗滿Mr. COLOR牛奶粉彩綠色套組葡萄綠後，再用Mr. COLOR LASCIVUS Aura金色重複打亮。最後從上方輕輕噴塗上Mr. COLOR白色FS17875即完成。組裝接合手臂時，請小心塗抹接著劑，以免使漆膜受損。

MY COCKPIT

從塗裝廚房一窺國谷忠伸

國谷忠伸大廚至今創作出許多美麗的人物模型，究竟大廚的廚房是甚麼樣的空間呢？總之，我們先來一窺其外觀。
從大廚講究的廚房開始，好好學習提升往後人物模型塗裝的技巧！

　　這是我的老家，父母過世後開始決定以模型為業時，原本只打算將自己的房間當成工作室，並沒有想要改裝成模型工作室。但並不表示這就是最終格局，目前都還在思考中。我想作業空間大約要3個榻榻米的大小。

　　工作桌分為製作用和塗裝用，將兩張桌子並排放置。不過各自在實際作業時的使用空間都只要A4大小，其他空間多用來放置工具。

　　製作和塗裝時都會用到顯微鏡，所以把它放在兩張桌子的交界處，也因為這樣座位也多在交界處。這樣好像不太好。

　　每張桌子都各有一台LED照明燈。包括空壓機和塗裝抽風機的所有電源都統整在附開關的插座，並且固定在桌腳，以便集中控管。

　　因為我覺得麻煩又懶得整理，所以絕大多數的工具都用百元商店的金屬網板，收納在我手搆得著的範圍內。大致上工具類會分門別類擺放，基本上有遵守分類規則，但是也沒有很嚴謹。

　　想留著使用的部件和小配件，會用點心空盒分隔收納在分層櫃中。經常使用的塗料會放在箱子放置腳邊，其他的則放在塗料層架另外收納。

◀人物模型塗裝的關鍵就是臉。雖然要肉眼觀看臉部塗裝作業才稱得上是專業，但真的很難。顯微鏡放在能經常使用的位置，塗料等用具在使用前一律放在腳邊，以免影響工作。在桌子左邊組裝和製作，到了塗裝作業時再移動到右邊。而乾燥區則設置在最右邊，整體配置有考慮到作業的順序。這應該也稱得上最重視塗裝工作的作業環境。

為了不要因日夜差異，使塗裝時的光源產生變化，房間用遮光簾阻斷光源。西邊有窗戶，夕陽會照入，所以防雨窗板一直緊閉。

資料書籍只將需要的部分擺放出來，製作時通常都散落在腳下，所以腳越來越沒有地方踩。最近大多都改用平板電腦查閱資料，所以正在思考固定擺放的位置。看桌上電腦和電視時，手會停止動作，所以擺放在轉頭看不到的位置。

最讓人感到稀奇的，或許是室內吊著曬衣桿。原本是為了將洗好的衣服放在室內晾乾（工作期間成晾衣房），但是用來晾掛需要乾燥的情景材料或尺寸較大的部件相當好用。不小心就會撞到。

房間收納空間不夠擺放模型庫存，所以把以前睡過的上下舖當成層架使用。我不會一直觀看欣賞自己創作的成品，所以都封箱放在倉庫，或是拜託認識的模型店展示在店中。

我在上下舖的一角設置了簡易的拍攝區，因為不太好拍攝，所以得思考如何改善，並設置成便於拍攝作業中照片的架構。製作過程的拍攝真的很酷，我總是麻煩編輯部協助……。（國谷忠伸）

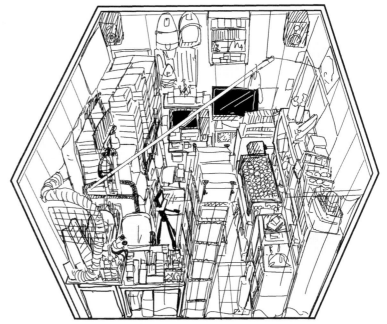

插畫／もやし

井然有序的塗裝作業空間。如果擺放太多東西，會不利於噴筆作業，塗裝的人物模型也可能會沾附到碎屑。為了防範於未然，避免這些事故，只擺放最需要的物品。房間完全遮蔽光線，但是留意到需確保所需的明亮度，而放置了一台大型立燈。

COCKPIT SPEC

- □ 地點／福島縣相馬市
- □ 居住型態／一戶獨棟自宅
- □ 建築年份／40年
- □ 建築整體格局／5房一廳一廚
- □ 模型房間大小／8個榻榻米
- □ 家族成員／自己一人
- □ 空壓機／GSI Creos L5
- □ 手持噴筆／TAMIYA SPRAY-WORK HG SUPER FINE AIRBRUSH 0.2田宮超級精緻噴筆
- □ 塗裝使用的抽風機／Mr. Super Booth Compact郡氏新式靜音型抽風機

為了不希望光線產生變化，整年都將遮光簾緊閉，阻斷陽光照入。屋內都沒有放置和模型無關的物品，從這樣的規劃可以看出他對模型的熱愛。

買回來的東西就直接掛在晾衣桿，省去收拾的時間，也可以充分掌握物品庫存。

上下鋪就在塗裝工作桌的背後，上面設置了一個迷你拍攝區。如果不是戰車，而是尺寸比較小的人物模型，就不需要這麼大的拍攝空間，也不需要太大盞的燈。旁邊擺放的套件庫存，除了有AFV還有一些人物角色，從這裡還可以意外窺探到模型師的多樣興趣。

塗料整理區分成壓克力漆和琺瑯漆，分別依需要放置在不同的地方。塗料以外的工具也

收納得很整齊，這些據說都是利用百元商品整理的結果。他還把管狀調味料層架拿來收納研磨片，從許多地方都可以看出他的巧思。工作桌旁的金屬架還擺滿了模型的相關書籍。

在工作室以外的狹窄位置放滿了他有興趣的車、摩托車和露營用品。有時會外出活動或轉換心情，國谷大廚說這點也非常重要。

MY COCKPIT

CHAPTER 3

LOW CALORIE

HOODIE GIRL

連帽衣女孩
（低卡路里）

依卡路里分級的
女性人物模型塗裝技法

HOODIE GIRL

252cal

白飯應該是任何人都吃過的主食。一人份的白飯大約是250大卡，也可說是所有餐點的基本。加上梅干、香鬆或納豆等，稍加變化就是美味可口的一餐。

白飯是最基本的餐點！

POINT_1

不需要畫全妝，
關鍵在運用美肌，
打造自然外貌。

POINT_2

絨毛材質的表現也易如反掌。
國谷風格的精隨，
就是掌握「噴砂塗裝」的訣竅。

POINT_3

不能忽視雙腳的時尚，
第一步就是從選擇洗鍊的
運動鞋開始。

RECIPE

雖然是用低卡路里的手法製作，但請精選和講究每一個部分使用的塗料！並且學習國谷塗裝風格的關鍵「噴砂塗裝」，讓材質表現更為多變。

本篇主題是升級版的低卡路里，以單純塗滿顏色的裙裝女孩為基礎，再稍微加上一些步驟，也就是進階版範例。或許這是最可行的折衷作法。

低卡路里的成品因為色彩表現太少，而讓人有不夠豐富的感覺，但是只要顏色和塗料本身的表現手法豐富，就可以解決前面的疑慮，所以要花時間細膩表現出使用的塗料。本篇我試著思索材質的質感表現，並且用最少的顏色和步驟完成。

TOOLS 使用工具

臉部

01 TAMIYA FINE SURFACE PRIMER L（PINK）
田宮底漆補土噴罐 L（粉紅色）
02 Mr. COLOR LASCIVUS CL01 WHITE PEACH白桃
03 TAMIYA FIGURE ACCENT COLOR（PINK-BROWN）田宮墨線液（粉棕色）
04 TAMIYA ENAMEL PAINT XF-19 SKY GREY
田宮琺瑯漆XF-19天空灰
05 TAMIYA ENAMEL PAINT XF-15 FLAT FLESH
田宮琺瑯漆XF-15消光皮膚色
06 TAMIYA ENAMEL PAINT XF-64 RED BROWN
田宮琺瑯漆XF-64紅棕色
07 TAMIYA ENAMEL PAINT XF-85 RUBBER BLACK田宮琺瑯漆XF-85橡膠黑色
08 TAMIYA ENAMEL PAINT XF-2 FLAT WHITE
田宮琺瑯漆XF-2消光白色
09 TAMIYA ENAMEL PAINT XF-1 FLAT BALCK
田宮琺瑯漆XF-1消光黑色
10 TAMIYA ENAMEL PAINT XF-7 FLAT RED
田宮琺瑯漆XF-7消光紅色
11 TAMIYA ENAMEL PAINT XF-52 FLAT EARTH
田宮琺瑯漆XF-52消光泥土色

連帽衣

12 TAMIYA LACQUER PAINT LP-18 DULL RED
田宮硝基漆LP-18暗紅色
13 Mr. COLOR C62 FLAT WHITE消光白色

14 TAMIYA ENAMEL PAINT X-27 CLEAR RED
田宮琺瑯漆X-27透明紅
15 TAMIYA ENAMEL PAINT XF-9 HULL RED
田宮琺瑯漆XF-9艦底紅

褲子

16 Mr. COLOR C374 JASDF Oceanic Camouflage Color Shallow Ocean Blue
日本航空自衛隊海上迷彩淺海藍
17 TAMIYA ENAMEL PAINT XF-8 FLAT BLUE
田宮琺瑯漆XF-8消光藍色

運動鞋

18 TAMIYA ENAMEL PAINT XF-7 FLAT RED
田宮琺瑯漆XF-7消光紅色
19 TAMIYA ENAMEL PAINT XF-2 FLAT WHITE
田宮琺瑯漆XF-2消光白色

背包

20 TAMIYA ENAMEL PAINT XF-1 FLAT BALCK
田宮琺瑯漆XF-1消光黑色
21 Mr. COLOR C62 FLAT WHITE消光白色
22 Mr. WEATHERING COLOR WHITE DUST
舊化液白塵色
23 TAMIYA FINE SURFACE PRIMER L（GRAY）
田宮底漆補土噴罐 L（灰色）

STEP 作業流程

● 臉部塗裝以顏色塗滿為基礎，不需要勾勒太精緻的妝容，只要將重點擺在呈現美麗的外貌即可。

● 花一些時間選擇符合服裝各部分材質的塗料。哪一種色調是可以重現牛仔褲材質的塗料呢？

● 連帽衣是國谷塗裝風格的重點，利用噴砂塗裝完成，本篇會一併解說方法和思考方式。

HOODIE GIRL FACE

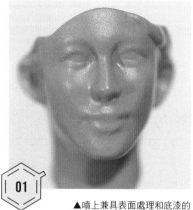

01

▲噴上兼具表面處理和底漆的田宮底漆補土噴罐L（粉紅色）。需注意的是如果噴塗太多，凹陷部分會被填滿，或使表面產生氣泡。如果噴塗失敗，就使用田宮強效去漆劑擦除乾淨。這是水溶性的產品，也不會損傷細節部分，所以推薦大家使用。

02

▲用Mr. COLOR LASCIVUS白桃塗滿整個臉部。雖然說要塗滿，但是也不要使漆膜變得太厚。最好隔著桌燈光線照射時，還能隱約透出粉紅色調。

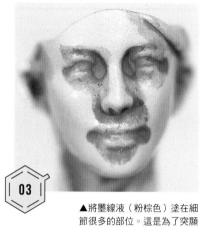

03

▲將墨線液（粉棕色）塗在細節很多的部位。這是為了突顯細節，所以不需要在意法令紋和顴骨的陰影。

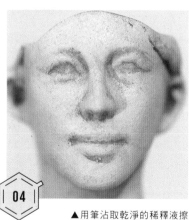

04

▲用筆沾取乾淨的稀釋液擦拭。眼睛要留下輪廓線，擦拭時請注意輪廓。鼻翼周邊的殘留程度依個人喜好，本篇作品中留下較明顯的痕跡。稍後會在臥蠶下方上色，所以只要留下輪廓線，不需要刻意強調。

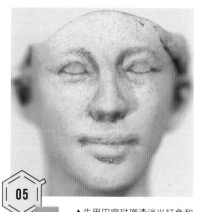

05

▲先用田宮琺瑯漆消光紅色和消光皮膚色混合成粉紅色後，塗滿眼睛輪廓的內側。再用消光透明漆鍍膜後，用天空灰塗出眼白的底色。眼睛下側殘留的粉紅色為眼瞼邊緣。

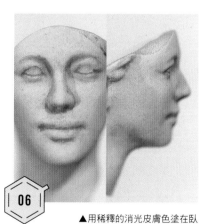

06

▲用稀釋的消光皮膚色塗在臥蠶下方、眼窩、臉的側面。如果顏色分界過於顯眼時，建議用筆沾取稀釋液後用拍打的方式渲染。另外，也可以用田宮舊化專用粉彩盒塗抹修飾。

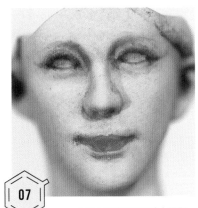

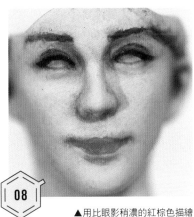

07

▲從上眼瞼到眼尾上眼影。稍微渲染到眼白也沒關係。這次範例使用的是紅棕色，但大家可以用自己喜歡的顏色。大約稀釋至清洗的程度，用筆沾取微量塗料即可。建議使用擦拭紙吸附調整用量。嘴唇用消光紅色以及消光皮膚色混合塗色。重點是要描繪出清晰的輪廓。

08
▲用比眼影稍濃的紅棕色描繪雙眼皮的線條和眉毛。不需要過於強調雙眼皮。描繪的訣竅在於盡力保留和眼線之間的縫隙，外側（靠近眉毛該側）稍後再用稀釋液擦淡，這種作法較為省力。想著眉毛的黃金比例並且描繪在大致的位置後，用稀釋液調整輪廓。最後用橡膠黑色描出眼線。這邊也用相同的作法，不要勉強畫細，盡量集中描繪出外側線條。

09

▲用稍微稀釋的紅棕色大略塗在頭髮上。但是最好不要使顏色渲染到肌膚邊緣。凸出部分自然薄塗，就能呈現打亮的效果。

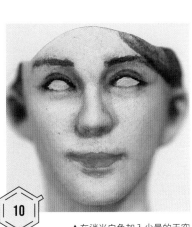

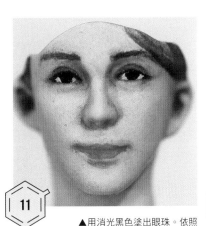

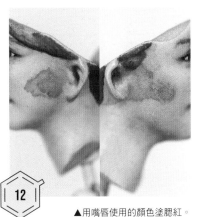

10

▲在消光白色加入少量的天空灰混合塗在眼白。下側以之前塗好的底漆為輔助線，上側則像是在調整眼線般描出明顯分界。

11
▲用消光黑色塗出眼珠。依照理論眼珠的中心描繪在嘴角正上方，而且請記得眼白和眼珠的比例為1：2：1（請參考P.16）。如果使用放大鏡描繪，一定要再用肉眼確認眼神是否有奇怪的部分。有時意外地和預期的外觀不同。

12
▲用嘴唇使用的顏色塗腮紅。大家應該可以從照片看出塗料稀釋的程度。與其說是塗，不如說是用筆尖刷過的感覺，請注意不要畫超過目標範圍。腮紅的位置請參考實際妝容或P.10～11。

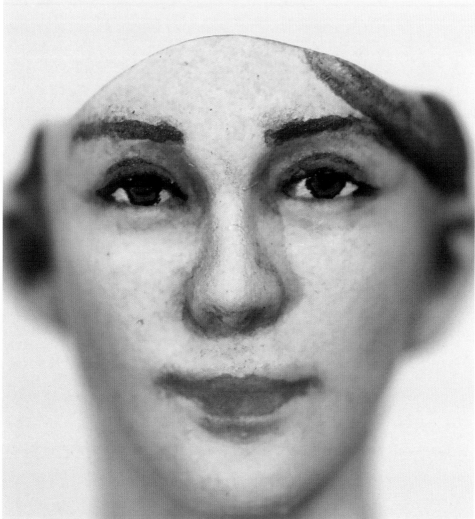

13

▲用稀釋液擦拭腮紅，只要殘留隱約的色調即可。色調不足時，可再重複塗色，加強色調。眼珠內側用消光泥土色和卡其色描繪出虹膜，中心用消光黑色畫出瞳孔。

XF-1　XF-52

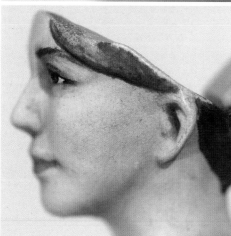 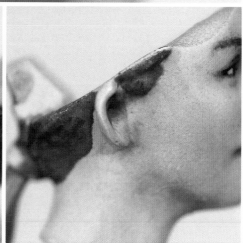

HOODIE GIRL_LEG

01

02

03

▲褲子設定為淺藍色牛仔褲，使用Mr. COLOR日本航空自衛隊海上迷彩淺海藍。我認為低卡路里塗裝的重點在於選對色彩。即便當成專用色販售，也不要受限於顏色名稱，請相信自己的眼睛。大家也可以用濾鏡效果調整微妙的感覺差異。

▲鞋子設定為知名品牌的運動鞋，先塗滿消光紅色。這裡不要透出底色，完全塗滿遮蓋。作品範例使用琺瑯漆塗料，或許使用壓克力塗料較好。

▲在消光紅色加入少量消光白色混合，提升明亮度，添加在皺褶隆起的部份打亮。也可以不混色。最後在鞋底和鞋帶分別塗上消光白色。鞋帶上色時會讓人不知該在何處上色，或許在組裝前先加深刻痕會比較有利於作業。

HOODIE GIRL_BAG

01

▲背包噴塗上灰色底漆補土當成表面處理兼底漆。稍微從上方斜角噴塗上本體色白色，藉此產生自然的陰影。每條皮帶和鑲邊的部分是造型裝飾，所以要清楚塗出不同的顏色。我覺得白色和灰色的單色調稍嫌乏味，所以用帶點黃色調的Mr. Weathering Color舊化液白塵色清洗。結果只會顯髒，有點失敗，或許底漆用象牙白會有比較好的效果。這一個範例顯示出面漆為白色時，底漆的顏色選擇有多重要。

01 ▲我想表現連帽衣布料的絨毛感，這是能明顯看出噴砂塗裝效果的部分，我會用簡單的明暗差異來說明。噴砂塗裝的重點在於不要用面的結構思考顏色變化，而要用點的密度差異來表現。即便同一面，也會因為點的密集度產生不同的樣子。因此先用田宮硝基漆暗紅色塗滿整件連帽衣。

02 ◀接著在同一個顏色混入白色提升明亮度後，再次噴砂塗裝。這時要注意噴筆對著目標物的角度和噴塗量。噴塗太多就無法呈現點狀，效果不明顯。最好在暗色上面噴塗明亮色，營造出梨皮花紋。

03 ▲這次只提升明亮度，所以彩度比一開始的色調低。因此為了提升彩度，用透明紅色加上濾鏡效果。上色時還要考量之後可能因為消光鍍膜產生些微白化。另外，要在連帽衣的拉繩（繩帶）和口袋的縫線添加陰影色調。

04 ▲整體用消光鍍膜，鍍膜時要突顯出拉繩的樣子。鍍膜建議要呈現出表面粗糙的消光效果。但是皺褶深處等若有顏料堆積，會出現全白結塊，還請注意。

SANDBLASTING PAINT 何謂噴砂塗裝？

大家或許很少聽到噴砂塗裝一詞，這裡我們用插畫來解說噴砂塗裝的方法和理論。

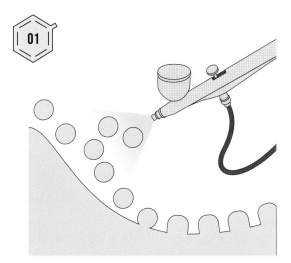

▲如果在比平常距離稍遠的位置，用噴筆將硝基漆塗料噴出，使粉末輕輕覆蓋在表面，就會形成粗糙而非平滑的塗裝表面。這就稱為噴砂塗裝。這個目的如插畫所示，是要讓大顆的顏料粒子在表面呈現分散排列的狀態。

▲用琺瑯漆塗料漬洗、將塗料覆蓋在步驟 1 的表面。插畫中雖表現出多種顏色混合的樣子，但是實際作業時會一一分次上色。

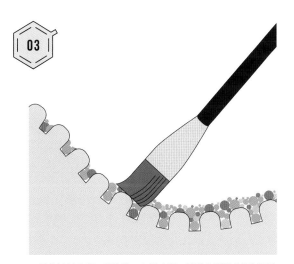

▲用筆擦拭步驟 2 的漆膜，但是步驟 1 附著在間隙的顏料不會被擦除。從平面來看，外觀表面呈現出多色點狀排列的點彩畫。

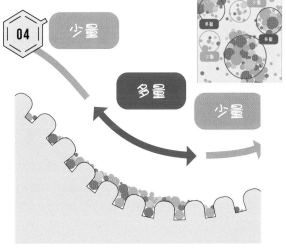

▲反覆步驟 2～3 的作業，以達到點彩畫般的效果，不過實際上無法完全掌控顏色呈點狀分布，所以必須以顏色的疏密度來調整。最後會噴上一層鍍膜，讓表面凹凸平均，並且調整光澤。

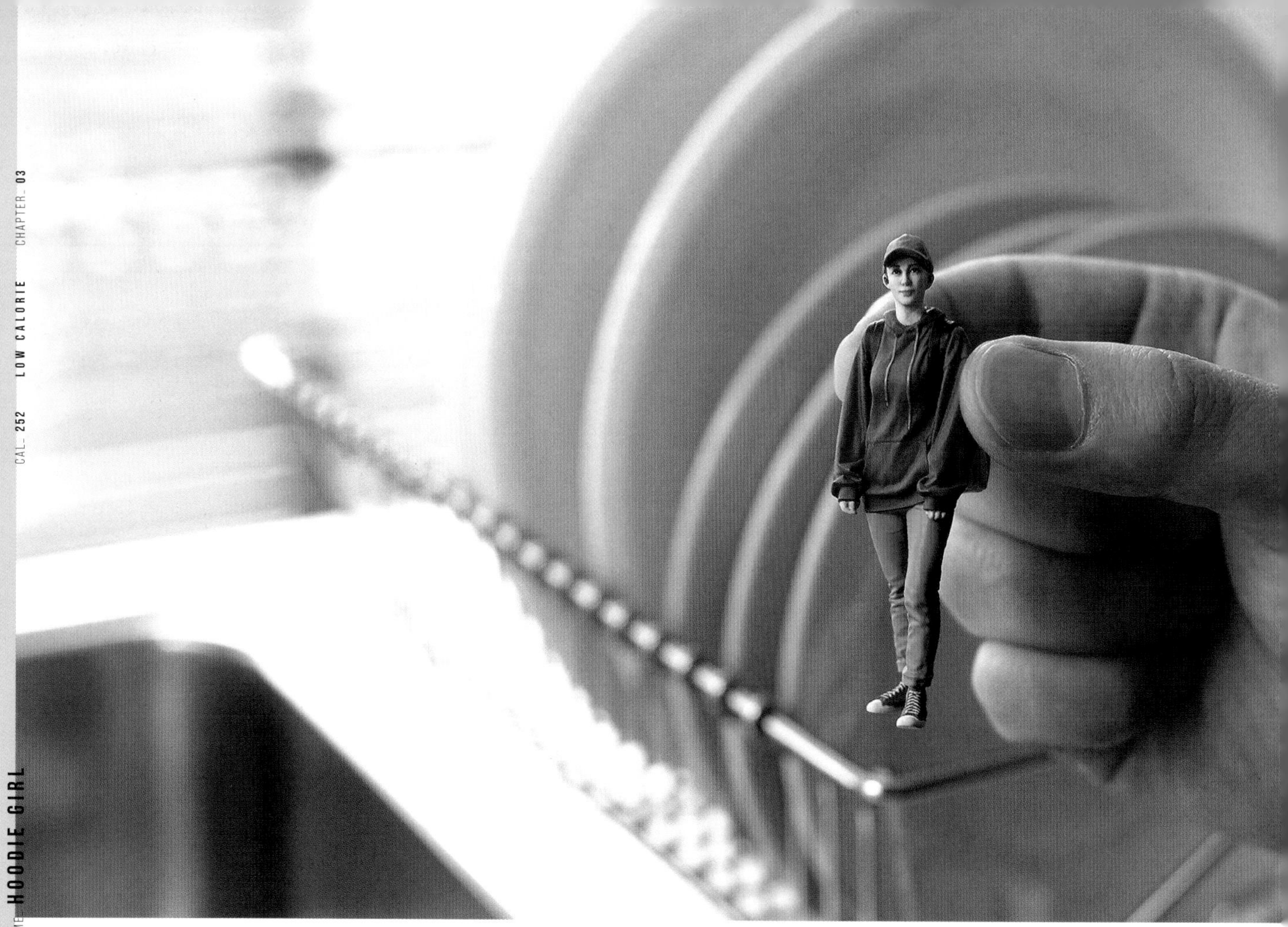

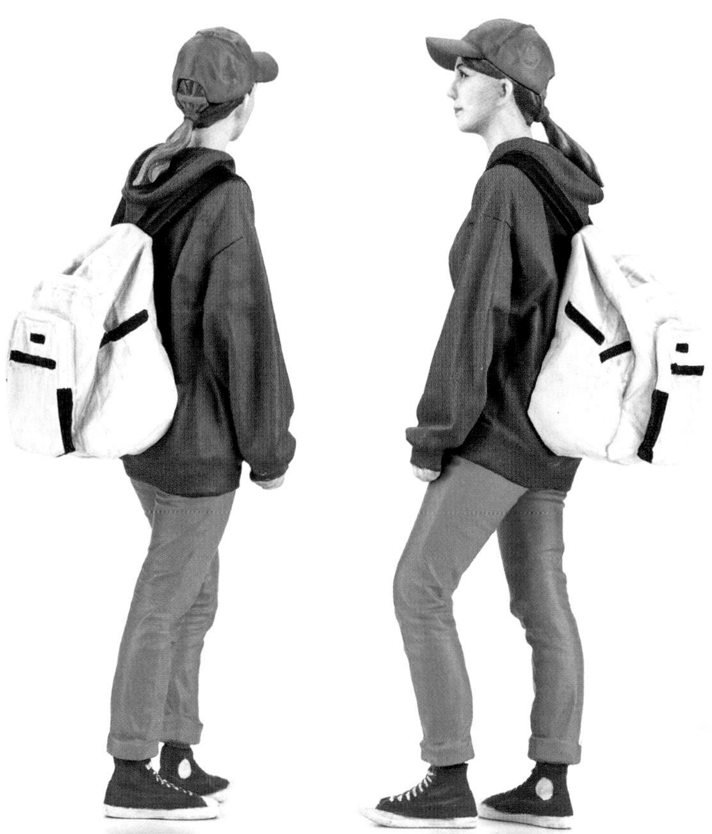

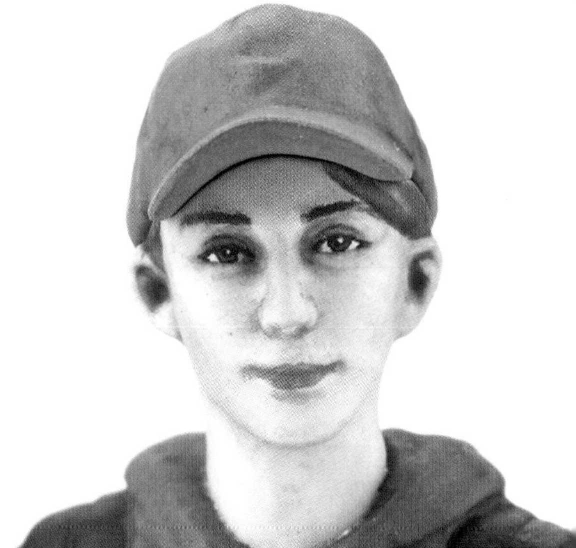

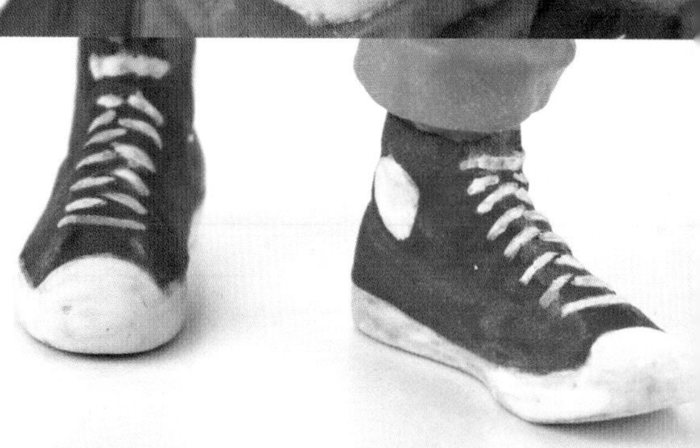

CHAPTER 4

HIGH CALORIE

HOODIE GIRL

連帽衣女孩
（高卡路里）

依卡路里分級的
女性人物模型塗裝技法

HOODIE GIRL

570cal

炒麵雖然是道省力的餐點,但其實只要多「一個步驟」,就能大大提升餐點的美味度。麵事先微波就很容易變得鬆散,接著和醬汁一起混合柴魚片就能提升風味。搭配紅薑片也是不錯的選擇。

如果是鹽味炒麵還可減少糖的含量。

POINT_1

專家親授的小臉妝容。
可愛的關鍵就是
修容和腮紅的選擇。

POINT_2

在整體為單色調的街頭風中,
用小配件增加時尚感。

POINT_3

大廚級的質感表現手法,
透過塗料選擇和塗裝,
呈現一目了然的材質差異變化。

這次從衣服質感的表現來思考如何完成塗裝。相較於實際作業,構思和準備工作應該屬於高卡路里等級。研究布料和皮革表面呈現的樣子,配合質感營造出塗裝表面,不斷思考能否表現出逼真的質感。

例如若是絨毛材質,能否讓塗裝表面呈現出凹凸感,演繹出「相似感」。不過在物理上會有放大比例的感覺,所以顏色選擇要避免讓人有這種感受。這次透過實際範例,向大家介紹步驟雖少卻能極具效果的方法。

RECIPE

挑戰區分服裝質感的塗裝表現!連帽衣為絨毛、牛仔褲為丹寧、鞋子為麂皮,有各種不同的材質!請大家耐心調理,甚麼樣的塗料該如何重複疊加,才能呈現理想的效果。

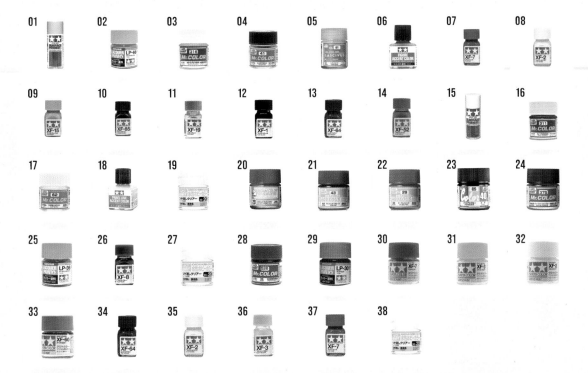

TOOLS 使用工具

肌膚質感

01　TAMIYA FINE SURFACE PRIMER L（PINK）
　　田宮底漆補土噴罐L（粉紅色）
02　TAMIYA LACQUER PAINT LP-66 FLAT FLESH
　　田宮硝基漆LP-66消光皮膚色
03　Mr. COLOR C316 WHITE FS17875白色
04　Mr. COLOR C41 RED BROWN紅棕色
05　Mr. COLOR LASCIVUS CL01　WHITE PEACH白桃
06　TAMIYA FIGURE ACCENT COLOR（PINK-BROWN）田宮墨線液（粉棕色）
07　TAMIYA ENAMEL PAINT XF-7 FLAT RED
　　田宮琺瑯漆XF-7消光紅色
08　TAMIYA ENAMEL PAINT XF-2 FLAT WHITE
　　田宮琺瑯漆XF-2消光白色
09　TAMIYA ENAMEL PAINT XF-15 FLAT FLESH
　　田宮琺瑯漆XF-15消光皮膚色
10　TAMIYA ENAMEL PAINT XF-85 RUBBER BLACK
　　田宮琺瑯漆XF-85橡膠黑色
11　TAMIYA ENAMEL PAINT XF-19 SKY GREY
　　田宮琺瑯漆XF-19天空灰
12　TAMIYA ENAMEL PAINT XF-1 FLAT BALCK
　　田宮琺瑯漆XF-1消光黑色
13　TAMIYA ENAMEL PAINT XF-64 RED BROWN
　　田宮琺瑯漆XF-64紅棕色
14　TAMIYA ENAMEL PAINT XF-52 FLAT EARTH
　　田宮琺瑯漆XF-52消光泥土色

鞋子和背包

15　TAMIYA FINE SURFACE PRIMER L（LIGHT GRAY）田宮底漆補土噴罐L（淺灰色）
16　Mr. COLOR C311 GRAY FS36622 灰色
17　Mr. COLOR C62 FLAT WHITE消光白色
18　TAMIYA PANEL LINE ACCENT COLOR（GRAY）田宮墨線液（灰色）
19　AQUEOUS HOBBY COLOR H20 FLAT CLEAR
　　水性HOBBY COLOR H20消光透明色

20　GUNDAM COLOR FOR BULDERS UG20 RX-78 RED Ver. ANIME COLOR GSI Creos
　　鋼彈模型專用漆UG20 RX-78動畫版紅色
21　AQUEOUS HOBBY COLOR H43 WINE RED
　　水性HOBBY COLOR H43酒紅色（深紅色）
22　AQUEOUS HOBBY COLOR H29 SALMON PINK
　　水性HOBBY COLOR H29 鮭魚紅

連帽衣

23　Mr. COLOR AVC05 PREVIOUS BLUE復刻藍
24　Mr. COLOR C375 DEEP OCEAN BLUE深海藍
25　TAMIYA LACQUER PAINT LP-36 DARK GHOST GRAY田宮硝基漆LP-36魅影灰
26　TAMIYA ENAMEL PAINT XF-8 FLAT BLUE
　　田宮琺瑯漆XF-8消光藍色
27　AQUEOUS HOBBY COLOR H20 FLAT CLEAR
　　水性HOBBY COLOR H20消光透明色

下半身

28　Mr. COLOR C526 BROWN茶色
29　TAMIYA LACQUER PAINT LP-30 LIGHT SAND
　　田宮硝基漆LP-30淺沙色
30　TAMIYA ACRYLIC PAINT XF-7 FLAT RED
　　田宮壓克力漆XF-7消光紅色
31　TAMIYA ACRYLIC PAINT XF-3 FLAT YELLOW
　　田宮壓克力漆XF-3消光黃色
32　TAMIYA ACRYLIC PAINT XF-2 FLAT WHITE
　　田宮壓克力漆XF-2消光白色
33　TAMIYA ACRYLIC PAINT XF-60 DARK YELLOW
　　田宮壓克力漆XF-60暗黃色
34　TAMIYA ENAMEL PAINT XF-64 RED BROWN
　　田宮琺瑯漆XF-64紅棕色
35　TAMIYA ENAMEL PAINT XF-2 FLAT WHITE
　　田宮琺瑯漆XF-2消光白色
36　TAMIYA ENAMEL PAINT XF-3 FLAT YELLOW
　　田宮琺瑯漆XF-3消光黃色
37　TAMIYA ENAMEL PAINT XF-7 FLAT RED
　　田宮琺瑯漆XF-7消光紅色
38　AQUEOUS HOBBY COLOR H20 FLAT CLEAR
　　水性HOBBY COLOR H20消光透明色

STEP 作業流程

● 用不同的化妝方式完成臉部塗裝。利用陰影色調的配置，甚至可以掌控五官輪廓。

● 在塗裝上構思絨毛材質和丹寧材質的區別，還介紹了重現牛仔褲丹寧布料褪色的表現方法。

● 失敗時的補救方法為何？本篇也會解說國谷忠伸實際失敗時的補救方法。

HOODIE GIRL_FACE

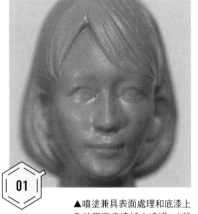

01

▲噴塗兼具表面處理和底漆上色的田宮底漆補土噴罐L（粉紅色），這點和其他作品皆同。這次的作品主題是質感，所以增加了一些作業細節。

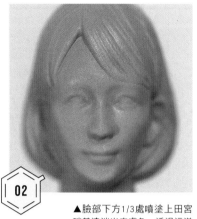

02

▲臉部下方1/3處噴塗上田宮硝基漆消光皮膚色。透過這道顏色基礎，不但加強頭部的圓弧輪廓，還表現出體溫因血流量造成差異而使臉色有所變化。

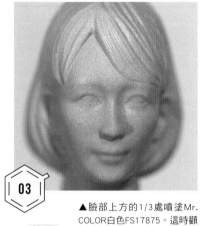

03

▲臉部上方的1/3處噴塗Mr. COLOR白色FS17875。這時顴骨上方、鼻梁、下巴尖端最好都要噴灑到白色。這是表現肌膚較薄部分的基礎。接著如同將整個頭鍍膜一般，塗上Mr. COLOR LASCIVUS白桃，以便看出底色差異。

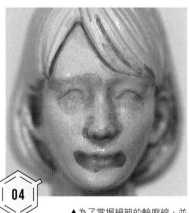

04

▲為了掌握細節的輪廓線，並且在凹陷部位加入陰影，用墨線液（粉棕色）漬洗。

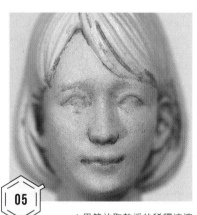

05

▲用筆沾取乾淨的稀釋液擦拭。臉頰可殘留一點粉棕色塗料。塗裝時不只有臉部，連整體都不是塗成大面積的同一色調，而是用小小的點狀顏色，呈現表面分區的樣貌。

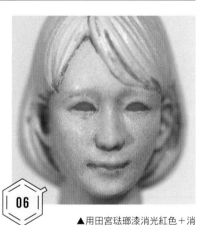

06

▲用田宮琺瑯漆消光紅色＋消光白色，畫出眼睛形狀。輪廓很重要，所以不需要整個塗滿。

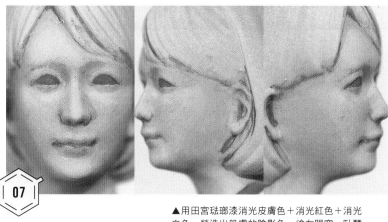

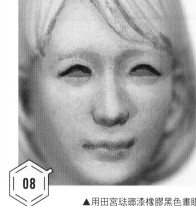

▲用田宮琺瑯漆消光皮膚色＋消光紅色＋消光白色，營造出肌膚的陰影色，塗在眼窩、臥蠶和臉的側面。側面經過擦拭後，膚色融合得更為自然。陰影濃度和形狀會大大影響表情印象，甚至會改變從正面看時的輪廓感覺。請參考實際化妝方法，仔細構思。從這裡開始直到最後的每一道步驟，都要鍍膜塗上保護層。

▲用田宮琺瑯橡膠黑色畫眼線。請專注描繪出明確的外側輪廓。另外，可以用眼尾長度表現角色個性。眼睛的任何一個步驟都很重要，所以請耐心描繪。

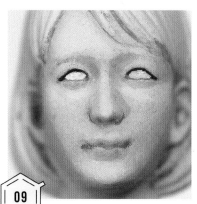

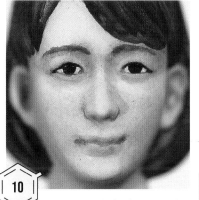

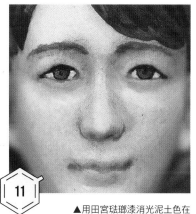

▲用田宮琺瑯漆消光白色＋天空灰塗眼白。像在修飾眼線內側一樣，塗滿整個眼白。下眼瞼的邊緣留下粉紅色底漆。

▲用田宮琺瑯漆消光黑色畫眼珠，用稍微稀釋的紅棕色畫眉毛。請特別留意位置和大小。接著用艦底紅塗在頭髮邊緣（髮梢）。

▲用田宮琺瑯漆消光泥土色在眼珠內側像畫同心圓一樣畫出虹膜，用消光黑色在中心畫出瞳孔。用多種顏色細細勾勒虹膜會大大提升透明感。但是，必須和其他部分的視覺資訊量有一致性，所以建議視喜好和整體干衡決定描繪的精細度。

HOODIE GIRL_FACE

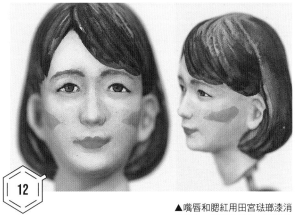

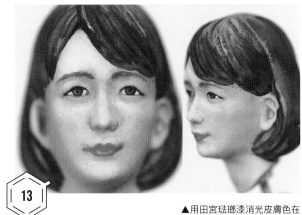

▲嘴唇和腮紅用田宮琺瑯漆消光紅色＋消光白塗色。不論哪一個部位都是化妝時的重點，所以請注意形狀。腮紅像照片一樣清楚塗色後，再用筆全部擦拭。不是要擴展渲染塗料，只要呈現出顏色被擦除後的樣子。如果顏色擴散到不需塗色的地方，請用墨線擦拭棒R吸附清除。

▲用田宮琺瑯漆消光皮膚色在下唇打亮。口紅的顏色也會因為打亮的顏色改變，所以請先試試各種顏色。照片中雖然沒有顯示，但是之後使用了Mr. COLOR紅棕色，為頭髮筆塗上色。陰影部分建議殘留底漆艦底紅。在紅棕色加入少量Mr. COLOR白色FS17875混合，沿著髮流筆塗打亮。

HOODIE GIRL_BAG

▲用水性HOBBY COLOR深紅色當成底漆塗滿整個包包。這個顏色的透明度高，所以建議先用田宮底漆補土噴罐L（粉紅色）當作顏色基底。皺褶深度等部分請不要漏塗。

▲從上方斜角在表面噴上一層水性HOBBY COLOR鮭魚紅（照片的狀態）。但是，作業時覺得彩度比一開始想像得低，而再加上一層GSI Creos鋼彈模型專用漆RX-78動畫版紅色來修正。這就是未測試顏色而失敗的例子。最後用田宮琺瑯漆消光黑色為皮帶部分上色區別。

01

02

03

▲要重現靛藍色牛仔褲獨特的色調頗有難度。這次構思的方法雖然盡量減少步驟，但依舊能呈現出類似的色調。首先為了提升靛藍色的彩度，整體用Mr. COLOR復刻藍塗滿。

▲接著用Mr. COLOR深海藍噴砂塗裝。請注意不要降低底漆塗滿呈現的彩度。看起來有些不均勻會比較好。

▲為了表現摩擦破損的樣子，乾刷塗上田宮硝基漆魅影灰。一直用筆垂直描繪，以表現布料織紋的樣子。因此連沒有皺褶的部分，也只要隱約出現摩擦的筆觸即可。

04

05

06

▲為了避免表面因乾刷顯得過於粗糙，以及為了添加隨機的變化，整體用田宮琺瑯漆消光藍色做濾鏡效果。色調不均效果更佳，但是一定要整體都經過濾鏡處理。

▲在水性HOBBY COLOR消光透明色裡多加一點消光添加劑後，塗抹整體鍍膜。最好呈現出粗糙感且接近快要白化的程度。如果真的發生白化，只要將透明漆的部分用居家用清潔劑去除，再重新塗裝即可（因此步驟01　03用硝基漆塗料塗裝）。

▲最後在腿的正面，還有腳內側膝蓋後面到小腿肚的部份，用噴筆薄薄噴塗上田宮硝基漆魅影灰，營造出打亮的樣子。這裡並未使用噴砂塗裝的技巧，只是一般的噴塗。

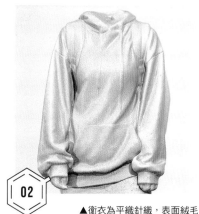

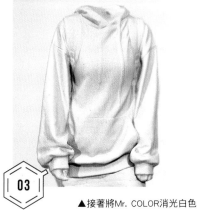

01
▲透過連帽衣，嘗試挑戰重現白色衛衣的布料。白色衣服其實很難呈現，整體對比和陰影的選色至關重要。一般噴塗黃色系就會有溫暖柔和的感覺，噴塗藍色系則給人冷酷的印象。這以標準白為目標選擇塗料。首先噴塗上灰色底漆補土當作基底。

02
▲衛衣為平織針織，表面絨毛不明顯，所以要降低噴砂塗裝的點畫對比。整體使用Mr. COLOR灰色FS36622噴砂塗裝，感覺像色調稍微明亮的塗料飛濺在灰色底漆補土表面。

03
▲接著將Mr. COLOR消光白色稍微稀釋成深一點的色調，在表面噴砂塗裝出梨皮花紋的樣子。這時若感覺像抓毛絨時，就表示和灰色底漆的對比過於強烈，所以必須重新思考調色程度。

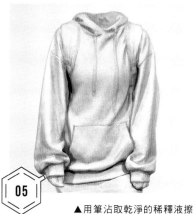

04
▲整體感覺乏味，所以為了增加層次變化，只在想呈現暗色的部分塗上田宮墨線液（灰色）。整體的色調不均也沒關係，但是絕不要任意亂塗。口袋的縫線以及拉繩也要加上陰影，以便加深存在感。

05
▲用筆沾取乾淨的稀釋液擦拭。不要殘留下不自然的染色和漸層。另外，前一個步驟沒有將顏色塗滿整件衣服的原因是即便擦拭仍會殘留色調，所以整體感覺容易變成灰色。雖然用白色塗料以濾鏡處理就能修正色調，但是很容易呈現出「重塗的感覺」，因此還請留意。

06
▲最後在水性HOBBY COLOR消光透明色多加一點消光添加劑，塗滿整體，修飾出沙沙的感覺。稍微白化也沒關係，但是請注意不要在凹陷深處堆積塗料，這點和紅色連帽衣女孩（前一章低卡路里的連帽衣女孩）相同。

01

▲鞋子也嘗試表現出麂皮等絨毛皮革的質感。首先用Mr. COLOR茶色當成底漆塗滿。

02

▲在參考資料中找到屬意的鞋子顏色，但沒有找到與之相近的塗料顏色，所以這次決定自行調色。調色時，使用的色數控制在3色以內，這樣比較容易調整色調。這次為了調整明亮度還加入白色。將田宮壓克力漆消光白色＋消光黃色＋消光紅色＋暗黃色的混色，稀釋成稍深的色調後，噴砂塗裝。

03

▲感覺層次對比不足，所以用田宮琺瑯漆紅棕色漬洗。但是……，這項決定是錯誤的。暗黃色和紅棕色的顏色融合不佳，顏色變濁。再次證明選色的重要，失敗收場。

04

▲擦拭整體，突顯點畫表現，但是效果有點太過強烈。在前一個步驟也曾發生，和暗黃色的顏色融合不佳，顏色變濁。大家這時也可以從一開始的茶色重塗，但是這次我想試試是否可覆蓋面漆。

05

▲為了演繹出絨毛感，在水性HOBBY COLOR消光透明色多加一點消光添加劑鍍膜，讓整體呈現沙沙感。完全乾燥後，用田宮琺瑯漆消光白色＋消光黃色＋消光紅色做濾鏡處理，降低紅色調，覆蓋住之前的色調。鞋底分別用田宮硝基漆和淺沙色和Mr. COLOR茶色塗色。鞋帶用田宮琺瑯漆消光黃色塗色。

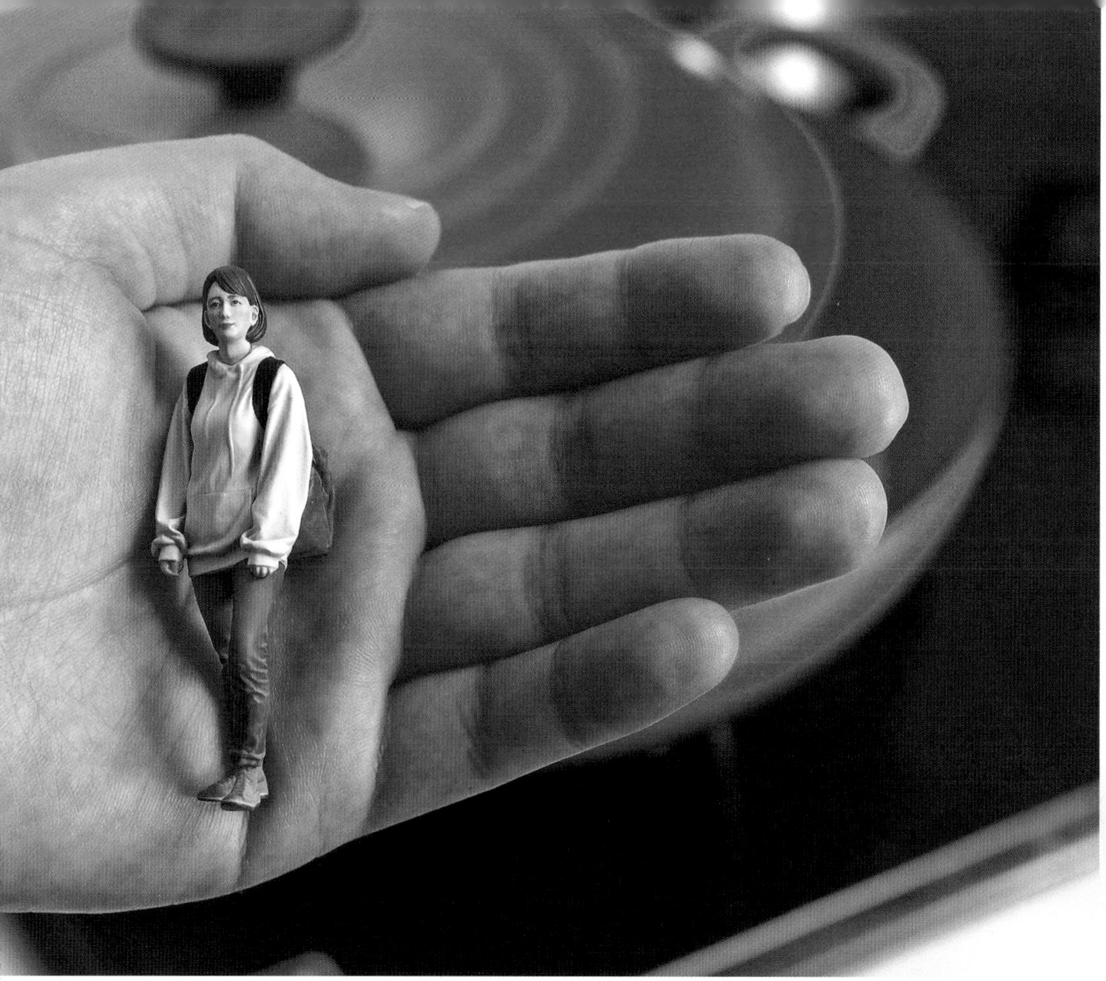

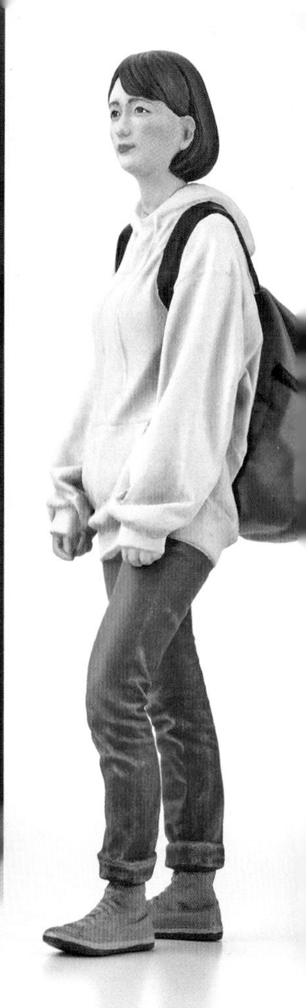

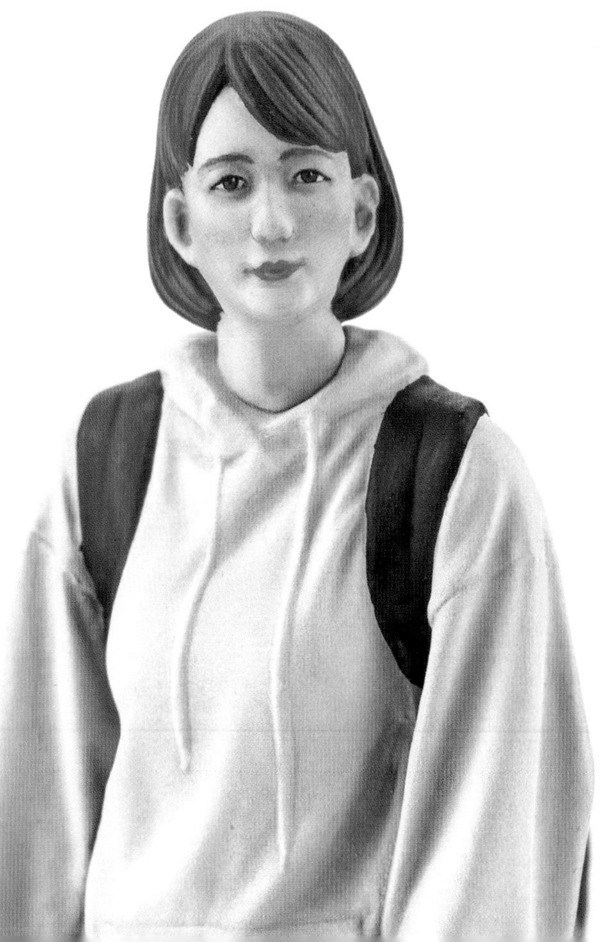

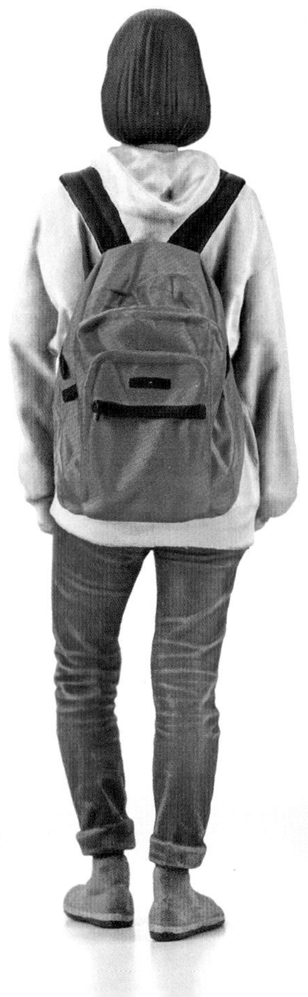

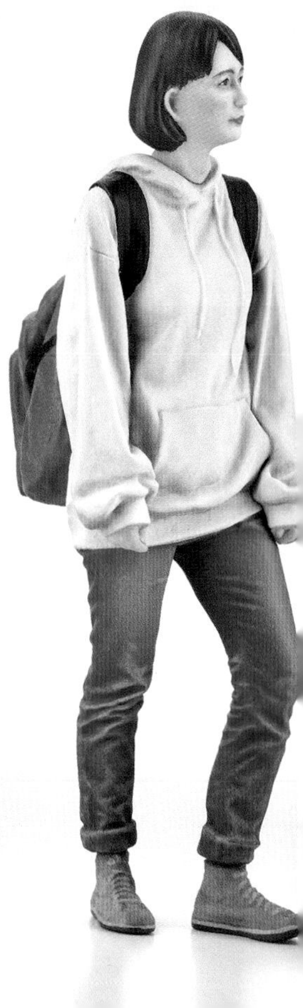

DIFFERENT PAINTING METHODS FOR EACH RACE

男性人物模型塗裝看似有規則，想不到卻沒有清楚的規則可循。雖然實際上男性有各色人種，不過大家有聽過有甚麼相關的特質和法則嗎？本篇我們將為男性大致分成4種類型，請作者為我們解說塗裝表現方法上的差異。

TYPE_02　澳洲人種　*Australoid*

陰影色調為紅色，打亮色調為黃褐色。整體為茶褐色。如果陰影使用大量的茶色，就會很接近這類人種。這是個別差距較大的膚色，不過使用海外廠牌的水性漆色組，就比較容易重現理想的膚色。

TYPE_01　高加索人種　*Caucasoid*

陰影色調為綠色或藍色，打亮色調偏白色。整體以粉紅色為基調，如果使用模型用塗料，適用色調大概是蓋亞gaia color膚色，或是Mr. COLOR人物膚色（1）號。

TYPE_04　蒙古人種　*Mongoloid*

陰影色調為橘色、黃色，打亮色調為淡黃色。整體為薄茶色、黃褐色。如果使用模型用塗料，建議使用蓋亞gaia color膚橘色，或是田宮消光皮膚色。

TYPE_03　尼格羅人種　*Negroid*

陰影色調為藍色，打亮色調為帶紅色調的褐色。整體為紅棕色。使用蓋亞gaia color透明棕色就可呈現偏紅色調的肌膚，使用Mr. COLOR GX透明咖啡就可呈現稍微暗沉的肌膚。

不同人種的塗裝方法

何謂四大人種？

人種的概念是依照身體特徵來區分。分類基準的依據有膚色、骨骼、頭型、五官、毛髮、眼睛顏色、血型等，分成高加索人種（白色人種）、蒙古人種（黃色人種）、尼格羅人種（黑色人種）、澳洲人種（棕色人種）4大人種，但也存有其他許多說法。

1. 嘴唇的差異

蒙古人種的嘴唇較薄，接著依照高加索人種、澳洲人種、尼格羅人種的順序，嘴唇越來越厚。嘴角，以及兩個嘴唇之間的連接方法也是重點，所以描繪時要仔細觀察。

2. 眉毛的差異

眉毛位置和其連接至鼻梁的陰影濃度可表現五官的立體度，眉毛粗細和長短可以表現出體毛的濃密度。五官越立體，眉毛到骨架的陰影越濃。眉毛也是棕色人種較粗較濃，高加索人種和蒙古人種則偏細和稀疏。

我們採訪了國谷忠伸的至親好友，或是欣賞他的人，向他們問道：「究竟，國谷忠伸是怎樣的模型師？」

MESSAGE 對國谷忠伸這個男人，我想說的是

mamoru　專業人物模型塗裝師

▶▶ 談到國谷忠伸的厲害之處……以人物模型塗裝的作品來說，最具代表性的一項，就是他能呈現出每個部位該有的質感，從國谷忠伸的作品可以強烈感受到他對於質感表現的執著。以1/20比例的作品為例，即便這麼小，第一眼看到時不但可以感受到肌膚的柔軟，看的人甚至可以感受到這是皮革、棉布或尼龍的質感。要有這些表現，必須融合許多適合這項作品（這款人物模型比例）的技法，而這些技法的背後全是知識和經驗的累積。同時他又能敞開心胸，願意暫時拋下個人講究、化繁為簡，親手製作範例，簡單明瞭地向不熟悉人物模型塗裝的人，說明其中的步驟。他在我心中是一位極為「出色」的模型師，也是我很尊敬的前輩，觀看他的作品範例總是讓我獲益良多。

林浩己　擬真人物原型師

▶▶ 身為一名人物原型師，從許多不同個性的噴塗作品感受到當中的潛力和可能性，這些刺激都點燃了我對下一個作品的創作熱情，我認為這對我來說非常重要。但是人物模型塗裝方面其實尚未有明確的指南手冊，包括我在內，許多從以前就很熟悉塗裝的人都沒有特定的作業方法，大家都著重在情感和感覺的表現，少有人留意技術層面的解說。當塗裝結束後被問到，在哪個部分使用甚麼技巧？是依照哪些步驟順序塗裝完成的？我想大多時候記憶早已模糊。國谷忠伸從以前就曾為我的作品塗裝，他在作業時都會檢視素材和塗裝方法，並且以此為基礎作業。他對大多數塗裝師感到麻煩或費事的部分多有研究，我覺得這點真是難能可貴，而且令人心存感激。我希望從初學者到專業職人，都能從國谷忠伸的作法，找到適合自己風格的部分，開心專注於內心表現之餘，大量練習塗裝。國谷忠伸，在此由衷感謝！

太刀川カニオ　綜合模型師&人物原型師

▶▶ 當我拿自己的作品給國谷忠伸看時，即便我不說「這部份我費盡心思」塗裝，也沒有特別提及哪邊是我的最新嘗試，他都能一一發現，甚至還能指出我自己不自覺犯下的錯誤。此外，我們還是志同道合的夥伴，對人物模型塗裝都充滿興趣，這些都讓我覺得有他真好。不過，我覺得他也是個可怕的人（笑），因為他不但對人物模型塗裝技法的歷史和趨勢知之甚詳，還能摒除好壞和喜好，以客觀的角度仔細觀察和分析其他塗裝師的作品。包括我在內的大部分模型師都憑著滿腔熱血塗裝，很難用言語描述說明塗裝相關的表現，但我覺得由於國谷忠伸積極創造各種表現，並且以客觀的角度審視自身的作品，才能創造出恰如其分的作品，並且加以說明。當我聽到這份企劃時，我覺得出版社真的找到了最佳人選。

藤田祐樹　株式會社田宮 企劃開發部

▶▶ 近年來田宮會以實際人物的3D掃描資料為基礎，利用數位翻模的造型手法來開發人物模型，相較於過往產品，真實度和精緻度都有大幅的提升。在推出這樣劃時代的人物模型時，能用完全不同以往的人物模型塗裝技法，在模型雜誌發表塗裝作品的人，我覺得大概就是國谷忠伸了吧！每次看到國谷忠伸的作品都令我感到驚豔不已，人物的臉部塗裝和3D掃描的模特兒簡直如出一轍。我認為這印證出他的塗裝方法充分運用了人物臉部的細節。他的作品充滿理性評估而非只有感性表現。我想他除了運用自己擅長的手法之外，還仔細觀察了塗裝對象，不斷嘗試錯誤，進而研究出映襯塗裝對象的最佳塗裝技法。從這個層面來看，他並不只是模型師或藝術家，他還秉持著職人思維。當然這並不表示國谷忠伸的手法是唯一正解，但是如果你最近總覺得畫不好人物模型，或是還未掌握到訣竅，或許可從中發現許多值得參考的技法。我以產品開發的立場來看，也讓我有機會和獲得一些領悟，讓我思考甚麼是更好或更容易塗裝的人物模型，所以往後我也會持續關注國谷忠伸的人物模型塗裝技巧，並且希望能彼此切磋、交換意見。

高石誠　1/35比例的頂尖軍事模型師

▶▶ 第一眼看到國谷忠伸的人物模型時，我的印象是沒有強烈的風格（是好的意思），又相當真實。我創作的1/35比例軍事袖珍人物模型屬於「歐式塗裝」，這是起源於歷史人物模型的塗裝方法，而且受到很深的影響。從學習傳統西洋繪畫的經驗來看，技法既獨特又有強烈的風格。因此寫實逼真，吸引不少喜歡人物模型的軍事模型師，而我也是其中之一。但是我從國谷忠伸的作品表現中，卻沒發現他有受到「歐式塗裝」的影響。而這正是國谷世界的特徵。我覺得對於有比例模型製作和塗裝經驗，但是從未接觸或不擅長人物模型的人來說，國谷忠伸的塗裝方法非常容易運用和學習。對於選擇適當的底色（基底調理）、適時運用薄塗法添加色調（後味調理），這些國谷式的技法根本就是軍事模型也能運用的方法。換句話說，我覺得這種人物模型塗裝表現的魅力，和廣泛運用在比例模型的塗裝手法不但毫無衝突，反而充滿高度的契合感。

HISTONE　懷舊袖珍模型原型師

▶▶ 我在國谷忠伸的作品中最先注意到2點（1）「顯色度極佳」（2）「不同材質的質地表現」。

（1）顯色度極佳　提到塗裝，人們大多只會注意到華麗的漸層技巧。漸層技巧是任何人都能看出的塗裝技巧，也是塗裝技巧的證明。但是支撐漸層塗裝根本的顏色技巧，也是撐起塗裝基底的重要因素。不論畫出多完美的漸層，只要顯色不佳，就會降低透過塗裝表現的訊息傳達。假設我們將漸層比喻為變化球的技巧，來製作作品的變化球，顯色就是投出直球的力量，我認為從某種層面來看，這甚至是比畫出漸層技巧更為重要的因素。我覺得國谷忠伸擁有「顯色度極佳」這個最重要的因素，也就是擁有「強力直球」的力量。（2）質地表現　不同於強力直球的另一個魅力是「質地表現」。這個質地表現可說是更令塗裝師苦惱的因素。國谷忠伸在質地表現方面，最令人感到印象深刻的是，雷射的塗裝表現。要在塗裝中呈現自然逼真的雷射質感，意外地難度很高。田宮的騎士人物模型（刊登於P.7）明顯可看出質地表現，外套和連帽柔微光澤的雷射、棉布質感、經過水洗的牛仔褲等，塗裝精彩地表現出它們之間的差異。從這些各種質感的自然呈現，可以看出國谷忠伸的力量和講究。

吉岡和哉　日本代表性微縮模型師

▶▶ 國谷和我同年，模型工作的類型和喜好也相近，很久以前就是我志同道合的模型同好之一。但是我覺得他和我是作法完全相反的模型師，整體方向和我呈對照組，我重視外觀日常使用流行的技巧和演繹方法。國谷的風格整體來說，就是追求極致逼真的真實感，完全就是「重現者」一詞的代表。這並不是說他不重視演繹和誇張的手法，而是說他以忠於實物本身的態度，來塑造作品的風格和想法，可說是從未動搖。創作的態度比任何人都還要一絲不苟，毫不妥協，聽說做得不如預期時，也會心平靜氣地將作品浸置在去漆劑「重漆」。以努力和毅力提升自己心中理想的塗裝作品，說他是一位塑膠模型選手一點也不為過。他在這種想法下完成的作品當然一點也不平庸，只要委託他製作作品範例，絕對可以收到超過預期的成品，真的是一位值得信賴的模型師……簡而言之，他非常固執（笑），如果要說他為何如此固執地燃燒熱情，我想用一句話就能說明，那就是「他喜歡塑膠模型」，而且是非常。每次晚上看到他在SNS發文「又要重漆了」，就讓我獲得「我也得加把勁」的動力。

松本州平　雙月刊『SCALE AVIATION』招牌模型師&繪本作家

▶▶ 關於國谷忠伸，我都只有不能公開說的話耶，要我突然談他的話題有點困難啊！一開始會認識他，是收到國谷忠伸製作的女性人物模型，總之他這個人給我的印象是，不但懂得從零開始製作人物模型，基本上委託給他的案件也能做得很好。但是這又不同於單純做得好，他的作品「沒有表現出我最優秀」的感覺。其實作品中不太有「只有國谷忠伸才做得到」的部分，仔細看，你反而會覺得都是利用大家應該都有的經驗累積做出這些模型。雖然每個部分都做得很好，仔細一看又是任何人都能模仿。這點才是真正的難處。這和不斷精進磨練個人技巧，達到無人能及的境界稍微有點不同。不過很少人選擇國谷忠伸所走的路線。我每次都在想「他走在一條狹窄的道路上啊」！從他這種模型製作方法可以看出，他其實是個心地善良的人。雖然他這個人有時行事有趣古怪，有時又會談論嚴肅的事情，但是如果他心地不善良，就不會用這種作法。好了，我希望你能在某個地方遇到他時問他以上這些事情。我想他會回答的，因為他是心地善良的人。

CHAPTER 5

HIGH CALORIE

BIKE GIRL

摩托車女孩
（高卡路里筆塗）

依卡路里分級的
女性人物模型塗裝技法

BIKE GIRL

612cal

甜點烘培在料理中也顯得獨樹一幟。因為製作時必須正確計算分量，否則就容易失敗，因此很多人都覺得很困難，這點或許和筆塗有點類似。巧克力聖代使用的材料多樣，口感層次豐富，美味得難以言喻。

甜滋滋的美味
巧克力聖代屬
於高卡路里。

POINT_1

大家不喜歡筆塗塗裝嗎？
用水性漆發現摩托車女孩的
可愛之美！

POINT_2

出色的紫色穿搭。
用絕妙色調，
營造出美麗的漸層塗裝。

POINT_3

筆塗有無限的可能。
利用筆觸勾勒出
材質的深度和韻味。

提到模型塗裝的話題，就不得不談論噴塗和筆塗的比較。但其實不應該討論兩者孰優孰劣，真正該討論的是要如何靈活運用。不過的確有人的環境不適合使用噴筆，所以本篇嘗試只用筆塗為人物模型塗裝。提到環境，最常聽到的問題是塗料的氣味，所以既然用筆塗就只用水性塗料來示範看看。

以本書對於卡路里的定義來看，筆塗可算是高卡路里。注意的事項較多，最後的修飾也比較困難，這些都讓人覺得像在做一道甜點。

RECIPE

只用水性HOBBY COLOR塗料完成的筆塗塗裝。一邊調色一邊上色，但是不使用黑色，以免讓顏色變濁。調色時請盡量不要超過3種顏色，大家一起來掌握從打亮到陰影的表現訣竅！

01
02

03

04

05

06

07

08

09

10

11

12

13

TOOLS 使用工具

底漆補土

01 TAMIYA FINE SURFACE PRIMER L（OXIDE RED）田宮底漆補土噴罐L（紅鐵鏽色）

02 TAMIYA FINE SURFACE PRIMER L （PINK）田宮底漆補土噴罐L（粉紅色）

整體

03 AQUEOUS HOBBY COLOR H11 FLAT WHITE 水性HOBBY COLOR H11消光白色

04 AQUEOUS HOBBY COLOR H12 FLAT BLACK 水性HOBBY COLOR H12消光黑色

05 AQUEOUS HOBBY COLOR H17 COCOA BROWN 水性HOBBY COLOR H17可可亞棕色（艦底紅）

06 AQUEOUS HOBBY COLOR H19 PINK 水性HOBBY COLOR H19粉紅色（桃紅色）

07 AQUEOUS HOBBY COLOR H21 OFF WHITE 水性HOBBY COLOR H21米白色

08 AQUEOUS HOBBY COLOR H24 ORANGE YELLOW 水性HOBBY COLOR H24橘黃色

09 AQUEOUS HOBBY COLOR H29 SALMON PINK 水性HOBBY COLOR H29鮭魚紅

10 AQUEOUS HOBBY COLOR H43 WINE RED 水性HOBBY COLOR H43酒紅色（深紅色）

11 AQUEOUS HOBBY COLOR H47 RED BROWN 水性HOBBY COLOR H47紅棕色

12 AQUEOUS HOBBY COLOR H84 MAHOGANY 水性HOBBY COLOR H84桃花心木褐色

13 AQUEOUS HOBBY COLOR H85 SAIL COLOR 水性HOBBY COLOR H85帆布色

STEP 作業流程

● 這次不使用噴筆，只在底漆補土和光澤調整時使用噴罐塗料。其他所有的步驟全部使用筆塗完成。筆塗使用的塗料只有GSI Creos的水性HOBBY COLOR，每次塗裝都是一邊調色一邊上色。

● 臉部和服裝也用筆塗完成，但是不需要留意筆觸和色調不均的問題。反而還可在塗裝時思考如何利用筆觸表現材質。

BIKE GIRL_ FACE

01

▲用田宮底漆補土噴罐 L（粉紅色）打底後，在臉部下方1/3處和眼窩用水性HOBBY COLOR（以下未特別註解之處，都是使用水性HOBBY COLOR）帆布色＋可可亞棕色大致塗色。不需在意色調不均。

02

▲額頭、臉頰、鼻梁等凸出部位都用HOBBY COLOR米白色快速塗色。

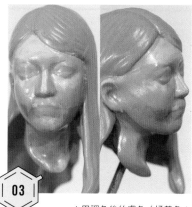

03

▲用調色後的膚色（橘黃色＋鮭魚紅＋消光白色）調和先前的2道顏色。臉部側面大面積塗上這個中間色調。

04

▲如果就這樣持續上色，模型刻痕會被顏色堆積掩埋，所以先用米白色畫出眼白輪廓線。這時很難利用琺瑯漆塗料的方法，用稀釋液擦掉或修正，所以請仔細畫出眼睛的形狀，不要畫超出眼睛的模型刻痕。

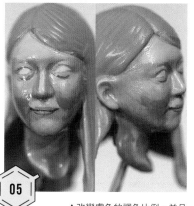

05

▲改變膚色的調色比例，並且用筆塗上色，讓顏色變化自然融合。這時還要畫出臥蠶下面、雙眼皮和嘴巴的輪廓線。

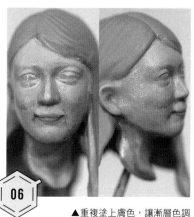

06

▲重複塗上膚色，讓漸層色調更細膩柔和。另外，利用黏膜的粉紅色，確定沿著眼睛輪廓線的下側線條。

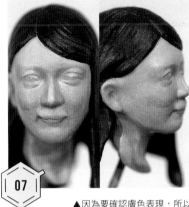

07 ▲因為要確認膚色表現，所以用消光黑色大致塗在頭髮。請注意不要塗超過頭髮的邊緣。這裡用硝基漆噴罐噴塗上光澤透明漆鍍膜。

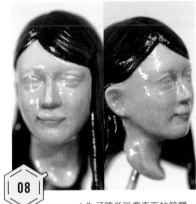

08 ▲為了降低肌膚表面的筆觸，並且消除繪圖感，在透明漆中混入少量的明亮膚色塗滿整張臉。盡量均勻薄塗覆蓋整張皮膚。

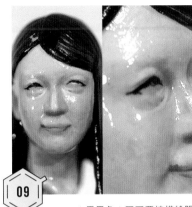

09 ▲用黑色＋可可亞棕描繪眼線。集中描繪出外側輪廓，不需要在意畫進眼睛內側。

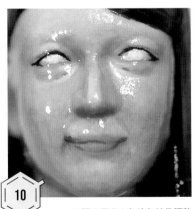

10 ▲眼白用米白色塗色並且調整眼線內側。眼白下側細細殘留之前塗的粉紅色，眼頭也保留淚丘（在眼頭內側的黏膜部分）。用白色在眼白中央打亮，就能增加立體感。

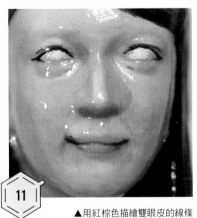

11 ▲用紅棕色描繪雙眼皮的線條和嘴巴。嘴巴先在嘴角點畫，接著由此延伸連線。之後用硝基漆噴罐噴塗上光澤透明漆鍍膜。

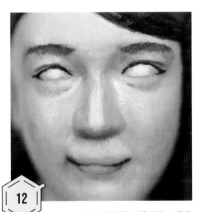

12 ▲在紅棕色混入透明漆，提升透明度後描繪眉毛。準備乾淨的水以便調整眉毛長短，請用快速擦拭的方式調整。

BIKE GIRL_ FACE

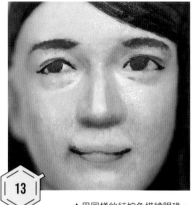

13

▲用同樣的紅棕色描繪眼珠。這次嘗試描繪成視線偏右的樣子。請注意左右眼珠的大小要相同。同樣用紅棕色在眉毛中央部分點觸描繪，增加立體感。

14

▲眼珠和眉毛畫好後，用硝基漆噴罐噴塗上光澤透明漆鍍膜保護。

15

▲用桃花心木褐色大致塗在頭髮打亮。不要針對模型刻痕，而要將波浪髮絲成束成片地，一口氣大範圍塗色。

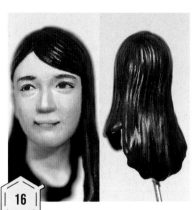

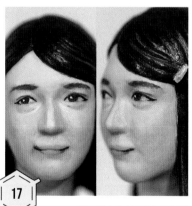

BIKE GIRL_ **BODY**

16

▲塗上頭髮的陰影色調（消光黑色＋紅棕色）降低打亮程度。輪流用細線條慢慢描繪出打亮和陰影，就會宛如擁有一頭真髮。打亮的顏色也有添加一些可可亞棕色＋消光白色。

17

▲用消光白色在眼珠加入眼神光，並且在鬢角和髮夾塗色即完成。

01

▲這次全身為紅色調，所以用田宮底漆補土噴罐 L（紅鐵鏽色）當作基底。

02 ▲先依照完成的樣子，大致塗上各部分的顏色。褲子用酒紅色，襯衫用帆布色，外套用帆布色＋酒紅色，運動鞋用米白色。以這些顏色為基礎，在不過於偏離色調的範圍內，調整明暗。

03 ▲依照疊穿順序上色。先從褲子開始。塗上比大致樣子稍暗的顏色（酒紅色＋可可亞棕色），觀察布料的織紋，塗色時以水平方向的筆觸描繪出來。不需在意顏色不均。

04 ▲接著再混入白色提升明亮度，以這個色調並且用相同的水平筆觸來描繪打亮。打亮時請留意，不要塗在皺褶凸出的頂點，而要塗在皺褶朝上的表面。

05 ▲用酒紅色調和兩種顏色。上色時不是整片大面積地塗抹，而是描繪出細線條並排的感覺，這樣就很容易營造出布料織紋的樣子。

06 ▲重複步驟3到步驟5。塗色時不是要將顏色混合，而是要讓顏色呈現出隨機的平行線條，並且有細微的亮度差異。整體外觀的感覺是用數條顏色相同的線條，來表現出面積的明亮度。

07 ▲用硝基漆噴罐的消光透明漆降低光澤，就能明顯呈現出色調變化。而且也有降低筆觸表現的效果。筆觸太混亂的部分和色調不理想的地方請添筆修正。

08

▲接著進入外套的塗裝。和褲子一樣，用大幅提升明亮度的粉紅色大致塗色打亮。這時不需考慮太細節的地方，只要一直塗抹凸出部分即可。

09

▲減少步驟8打亮色調的白色用量，調出中間色調。用這個中間色調塗抹連接打亮處的平坦表面。這時也不需考慮色調不均或有地方未塗到，大膽塗上顏色即可。但是皺褶凹處較深的部分要保留較暗的底色。另外請注意，平行流動的皺褶，其稜線打亮的下方邊緣看起來最暗。

10

▲稍微改變混色的比例，填滿整體，就像在填補拼圖的縫隙一樣。塗色時不只相鄰部件的對比，還要觀察整體的亮度差異、何處最明亮、何處最暗，調和整體的色調平衡。打亮時不是將所有部分都調整成相同明亮度。我覺得這裡用筆塗畫出陰影時是最困難的部分。

11

▲水性HOBBY COLOR的透明度高，所以比起一次塗抹的顯色度，多次重複薄塗呈現的色調更有深度。漸漸縮小一次上色的面積。每筆間距要多細依照個人喜好。例如間距較大，「描繪感」就會較為強烈。

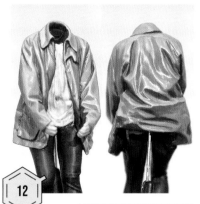

12

▲這次想要畫出明顯不同於臉部的感覺，也想表現出外套的布料材質感，而刻意用比較大的筆觸間距完成。之後，也可以再添加更多細節，但是要畫到甚麼程度，我覺得端看每位塗裝者的個性。最後用消光透明漆鍍膜調節整體光澤。

13

▲鞋子以米白色為基本色，鞋帶為消光白色。由下面的部分依序重複塗色，就能呈現立體感。襯衫若有控制對比色差並且重複塗抹打亮色調，就不容易顯髒。最後在手腕塗色，調節整體的光澤即完成。

COLOR PATTERN
COORDINATE

COLUMN_02

「衣服顏色」是校園朋友套組II塗裝的關鍵之一。這個套組和軍事人物模型的不同在於軍事人物模型的軍服和制服有既定的色彩，一般人物的個人穿搭塗裝，則必須考慮到各種配色組合。而且根據你使用的顏色和顏色搭配都會改變人物形象，所以希望大家要認真看待色彩選擇。

PROFILE

毛利奈奈

住在東京都的自由造型師，也有參與偶像和寫真偶像的服裝製作。在姊妹刊『SCALE AVIATION』中非常受歡迎的企劃『GALLERY OF THE NOSE ART QUEEN』負責服裝工作。

這次國谷忠伸決定配色的步驟

1. 色彩選擇

先參考塗料和資料、街頭路人穿搭和SNS等色彩搭配，確定大概的配色類型。這次的題材「校園朋友套組 II」為女大學生，而請造型師以10多歲到20出頭的女性為對象，提供幾組主要為明亮色系的搭配建議。

2. 數位色彩

決定配色後，接著利用數位著色。服裝色彩會因為運用的場所和色彩面積而呈現極為不同的印象，所以利用數位著色有助於印象確立。另外，這個作業也可以用色鉛筆的手繪作業代替。一般服裝配色時上身為明亮色彩，下身為暗沉色彩，整體才會顯得「沉穩」。

形象改變的範例圖示

人物模型的服裝選色

造型師的配色範例

這裡介紹造型師構思的配色案例。
如果有喜歡的配色，請大家試塗看看。

coordinate 1	coordinate 2	coordinate 3	coordinate 4
活力鮮豔的色彩	溫柔小心機	經典不敗的搭配	雙足為造型添彩

coordinate 1 — 活力鮮豔的色彩

即便身穿灰色外套，透過橘色內搭仍可展現出朝氣勃勃的形象。下半身的波爾多紅是秋季的流行色彩。整體和白色運動鞋的搭配也很協調。

左　Mr. COLOR C13 NEUTRAL GRAY中間灰色
中　Mr. COLOR C59 ORANGE（橙色）
右　gaianotes VOTOMS COLOR AT-12 Bordeaux 蓋亞裝甲騎兵專用色AT-12 波多爾紅

coordinate 2 — 溫柔小心機

白色上衣和淡紫色裙子的穿搭會讓男生莫名感到心動。下半身和鞋子的顏色為同色系更能增添好感。白色上衣散發著清新淡雅的氣質。

左　Mr. COLOR C1 White（白色）
中　Mr. COLOR色源CR2 MAGENTA苯胺紅色
右　gaia color No.19 Lavender 蓋亞gaia color No.19薰衣草紫

coordinate 3 — 經典不敗的搭配

粉紅色以及灰色的配色經典不敗！白色帽子不但會讓人的視線向上轉移，也能提升整體造型感。根據選擇的粉紅色類型還可轉換形象。

左　Mr. COLOR C63 PINK粉紅色（桃紅）
中　Mr. COLOR C13 NEUTRAL GRAY中間灰色
右　Mr. COLOR C1 White（白色）

coordinate 4 — 雙足為造型添彩

清爽的薄荷綠是這幾年的流行色彩之一。搭配這款色彩會讓人散發「就是現在」的氣勢。在面積較小的淑女鞋，選用鮮豔色調，為造型增添亮點。

左　Mr. COLOR C20 LIGHT BLUE淺藍色
中　Mr. COLOR C375 DEEP OCEAN BLUE深海藍
右　Mr. COLOR C59 ORANGE（橙色）

端莊文雅的氣質

左　Mr. COLOR C20 LIGHT BLUE淺藍色
中　Mr. COLOR C13 NEUTRAL GRAY中間灰色
右　Mr. COLOR C1 White（白色）

溫暖成熟的可愛感

左　Mr. COLOR C29 HULL RED艦底紅
中　Mr. COLOR C352 CHROMATE YELLOW
　　PRIMER FS33481鉻黃色
右　Mr. COLOR C59 ORANGE（橙色）

坦率爽朗的女孩

左　Mr. COLOR C1 White（白色）
中　Mr. COLOR C20 LIGHT BLUE淺藍色
右　gaianotes Frame Music Girl Color FM-01
　　Miku Green蓋亞初音專用色初音綠

如果想讓心儀的他心動

左　Mr. COLOR C79 SHINE RED亮紅色
中　gaianotes Frame Arms Girl Color FG-03
　　Shadow Fresh蓋亞骨裝機娘用漆陰影膚色
右　gaianotes VOTOMS COLOR AT-12 Bordeaux
　　蓋亞裝甲騎兵專用色AT-12波多爾紅

朝氣有活力的療癒感

左　gaia color No.18 Emerald Green
　　蓋亞gaia color No.18翡翠綠
中　Gaianotes Cyber Formula Color CM-11
　　Cream Yellow
　　閃電霹靂車專用色CM-11奶油黃
右　Mr. COLOR C1 White（白色）

也可用於微正式服裝

左　Mr. COLOR C20 LIGHT BLUE淺藍色
中　Mr. COLOR C375 DEEP OCEAN BLUE深海藍
右　Mr. COLOR C1 White（白色）

文靜又可愛

左　Mr. COLOR C1 White（白色）
中　Mr. COLOR C39 DARK YELLOW暗黃色
右　gaianotes VOTOMS COLOR AT-12
　　Bordeaux
　　蓋亞裝甲騎兵專用色AT-12波多爾紅

全場矚目的華麗色彩

左　Mr. COLOR C41 RED BROWN紅棕色
中　Mr. COLOR C112 CHARACTER FLESH（2）
　　人物膚色2號
右　Mr. COLOR C79 SHINE RED亮紅色

爽朗甜美的女孩

左　gaianotes Frame Arms Girl Color FG-03
　　Shadow Fresh蓋亞骨裝機娘用漆陰影膚色
中　gaia color No.19 Lavender
　　蓋亞gaia color No.19薰衣草紫
右　Mr. COLOR C1 White（白色）

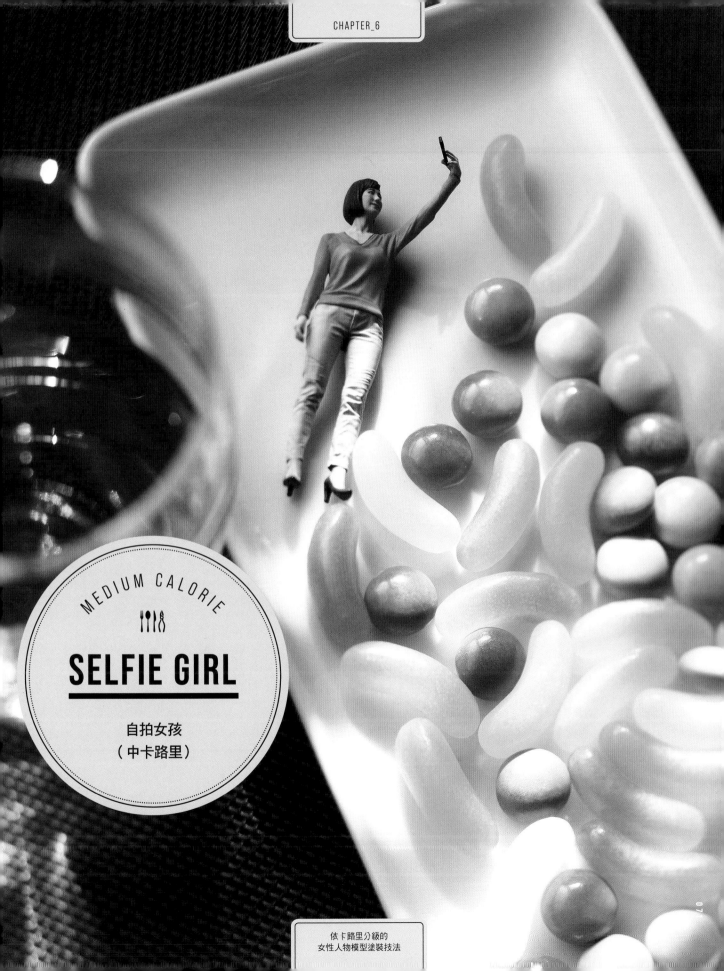

CHAPTER 6

MEDIUM CALORIE

SELFIE GIRL

自拍女孩
（中卡路里）

依卡路里分級的
女性人物模型塗裝技法

MEDIUM CALORIE | DETAIL UP

SELFIE GIRL

336cal

卡路里本身大約在中間值，但是製作餃子需要切菜、手桿餃子皮、包餡、煎煮，想不到步驟竟如此繁多。卡路里大致相同的餐點還有芙蓉蟹和薑汁燒肉，這些都是大家熟知的主菜。

不論是白菜還是高麗菜，都可拿來做成美味的煎餃。

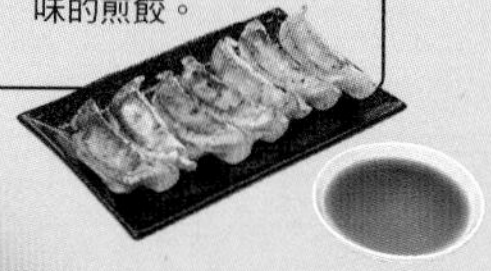

POINT_1

用水彩畫風格
讓自然鮑伯頭散發
「美麗髮色」。

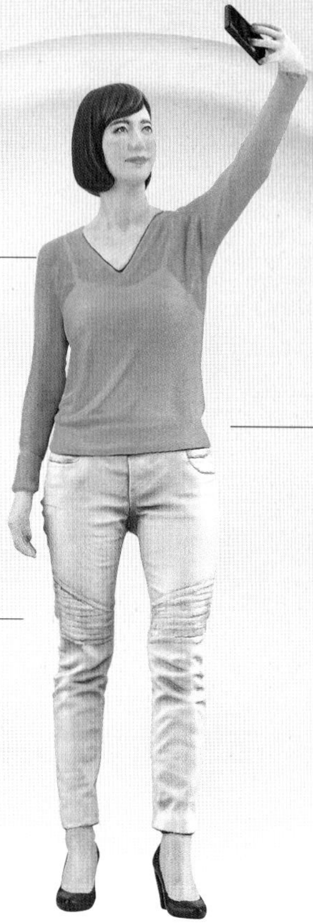

POINT_2

早春穿搭主題就是透視風。
透明上衣和牛仔褲的搭配，
雅致又有女人味。

POINT_3

與眾不同，利用抽褶加工，
為窄身牛仔褲增添變化。

配合各種塗裝表現的改造，也是人物模型的玩法之一。包括簡單的細節添加到姿勢變化，或是將臉改造成誰的樣子等。但是造型變更稍微偏離這次的主題，所以這邊想介紹的方法是添加方便執行的要素來營造角色個性。

另外，我也想再次確認，對於化妝理論的了解程度，在人物模型塗裝方面，會產生多大的效果。相較於材料的講究，將材料美味調理才是技術。

RECIPE

範例重點在於水彩畫風格的頭髮塗裝、透明色調的透視風塗裝，以及細節添加這3點。每一點都很簡單卻都是能提升效果的技巧。這次試著在各處藏入料理的小心機！

TOOLS 使用工具

底漆補土

01 TAMIYA FINE SURFACE PRIMER L（PINK）田宮底漆補土噴罐L（粉紅色）
02 TAMIYA FINE SURFACE PRIMER L（GRAY）田宮底漆補土噴罐L（灰色）

臉部

03 Mr. COLOR C316 WHITE FS17875白色
04 TAMIYA LACQUER PAINT LP-66 FLAT FLESH田宮硝基漆LP-66消光皮膚色
05 Mr. COLOR LASCIVUS CL01 WHITE PEACH白桃
06 TAMIYA ENAMEL PAINT XF-2 FLAT WHITE田宮琺瑯漆XF-2消光白色
07 TAMIYA ENAMEL PAINT XF-19 SKY GREY田宮琺瑯漆XF-19天空灰
08 TAMIYA ENAMEL PAINT XF-85 RUBBER BLACK 田宮琺瑯漆XF-85橡膠黑色
09 TAMIYA ENAMEL PAINT XF-52 FLAT EARTH田宮琺瑯漆XF-52消光泥土色
10 TAMIYA ENAMEL PAINT XF-64 RED BROWN田宮琺瑯漆XF-64紅棕色
11 TAMIYA ENAMEL PAINT XF-9 HULL RED田宮琺瑯漆XF-9艦底紅
12 TAMIYA ENAMEL PAINT XF-15 FLAT FLESH田宮琺瑯漆XF-15消光皮膚色
13 TAMIYA ENAMEL PAINT XF-7 FLAT RED田宮琺瑯漆XF-7消光紅色
14 TAMIYA FIGURE ACCENT COLOR （PINK-BROWN）田宮墨線液（粉棕色）

上半身

15 TAMIYA ACRYLIC PAINT X-6 ORANGE田宮壓克力漆X-6橘色
16 AQUEOUS HOBBY COLOR H11 FLAT WHITE
水性HOBBY COLOR H11消光白色
17 AQUEOUS HOBBY COLOR H24 ORANGE YELLOW
水性HOBBY COLOR H24橘黃色
18 AQUEOUS HOBBY COLOR H92 CLEAR ORANGE
水性HOBBY COLOR H92透明橘色
19 TAMIYA ENAMEL PAINT XF-2 FLAT WHITE田宮琺瑯漆XF-2消光白色
20 TAMIYA ENAMEL PAINT XF-15 FLAT FLESH田宮琺瑯漆XF-15消光皮膚色
21 雲母堂COLOR COATED PEARL PIGMENT PC ORANGE
雲母堂CC珍珠粉PC橘色
22 Mr. COLOR Milky Pastel Color Set Red Ver. CP11 Ruby orange
Mr. COLOR牛奶粉彩紅色套組CP11橘紅色

下半身

23 Mr. COLOR C311 GRAY FS36622灰色
24 Mr. COLOR C62 FLAT WHITE消光白色
25 TAMIYA PANEL LINE ACCENT COLOR（DARK GRAY）
田宮墨線液（暗灰色）
26 TAMIYA ENAMEL PAINT XF-1 FLAT BALCK田宮琺瑯漆XF-1消光黑色
27 AQUEOUS HOBBY COLOR H47 RED BROWN
水性HOBBY COLOR H47紅棕色

STEP 作業流程

● 挑戰水彩插畫風的髮絲塗裝時，一邊參考實際模特兒，一邊重現秀髮光澤。

● 用塗裝重現透視的透明感。實際驗證要用哪一種步驟的色彩疊加，才能表現出理想的層次身搭。

● 利用噴罐補土，簡單完成細節添加的作業，展現個性獨具又充滿魅力的牛仔褲塗裝。

SELFIE GIRL_ FACE

01

▲描繪肖像畫的方法中有一種方式是將臉部色調分成 3 個區塊來構思。方法淺顯易懂，所以這次我也嘗試應用在人物模型塗裝中。作品範例將人物設定為日本女性，所以用田宮底漆補土噴罐 L（粉紅色）塗裝後，將臉下方1/3處設定為黃色系，用噴筆噴塗上田宮硝基漆消光皮膚色，在臉的上方1/3處噴塗上Mr. COLOR白色FS17875。

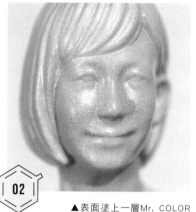

02

▲表面塗上一層Mr. COLOR LASCIVUS白桃。塗色時整體薄塗上色，將皮膚完整覆蓋塗料。將底漆完全遮蓋就失去意義，所以將塗料稍微調淡稀釋，一邊確認顯色程度，一邊一點一點上色。

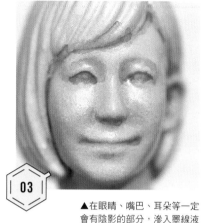

03

▲在眼睛、嘴巴、耳朵等一定會有陰影的部分，滲入墨線液（粉棕色）。這時請忽視法令紋。眉毛下面也先塗色，就會產生立體感。

04

▲用筆沾取稀釋液擦除多餘的粉棕色塗料。尤其眼睛的輪廓要特別注意，需畫出清晰的形狀。畫到內側眼白部分也沒關係。

05

▲用田宮琺瑯漆艦底紅，畫出頭髮的邊際。臉部輪廓很明顯，所以請明確畫出分界，顏色不要超出臉部輪廓。由於這要當成頭髮最暗的顏色，所以髮束之間（頭髮模型凹陷刻痕）也要塗色。

06

▲這次試著將頭髮畫出水彩畫的風格。將田宮琺瑯漆紅棕色稀釋得相當淡之後，再塗抹頭髮。塗抹時要殘留下打底的粉紅色和皮膚色，殘留程度像是用這兩色打亮一般。塗色時大家可以參考模特兒照片等實際的光線走向，就不會不知道該如何上色。

07

▲用田宮琺瑯漆紅棕色描繪眉毛、眼尾的眼影和嘴巴。從這道步驟開始，參考實際的化妝手法，依照模特兒的五官描繪妝容。這個人物模型的臉型較長，所以要橫向拉寬臉型。這時眉毛特別重要，在稍低的位置畫出平行粗眉。並且在眼尾加上眼影，目標是讓眼睛呈現橫向拉長的效果。

08

▲用田宮琺瑯漆橡膠黑色畫眼線。集中描繪外側線條，畫到內側也不需在意。不需要將眼頭畫得很清楚，建議將眼尾稍稍拉長。

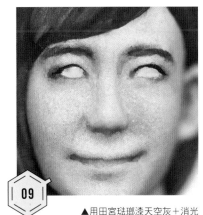

09

▲用田宮琺瑯漆天空灰＋消光白色，從眼線內側塗滿、畫出眼睛形狀。眼線越往眼尾，要畫得越粗。接著用田宮琺瑯漆艦底紅畫眼珠，用消光泥土色畫虹膜，用橡膠黑色畫瞳孔。

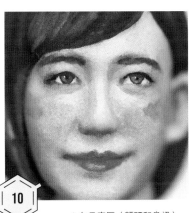

10

▲在Ｔ字區（額頭和鼻梁）、鼻梁到眼袋用消光白色＋消光皮膚色打亮，就能營造出立體感。嘴唇和腮紅用消光紅色＋消光皮膚色塗色。腮紅不是斜角而是橫向拉長。塗好後擦拭，殘留色調就會顯得很自然。接著在下唇用消光皮膚色＋消光紅色（少量）打亮，就會顯得很健康。

11

▲臉部側面用消光皮膚色＋消光紅色＋消光白色，畫出弧狀修容。這有將長臉收短的效果。像塗腮紅一樣，經過擦拭留下淡淡的色調。請注意不可出現顏色分界。

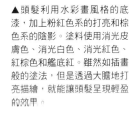

12

▲頭髮利用水彩畫風格的底漆，加上粉紅色系的打亮和棕色系的陰影。塗料使用消光皮膚色、消光白色、消光紅色、紅棕色和艦底紅。雖然如插畫般的塗法，但是透過大膽地打亮描繪，就能讓頭髮呈現輕盈的效果。

※眼袋：產生黑眼圈，血液循環不佳的區塊。

SELFIE GIRL_**BODY**

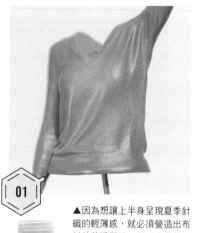

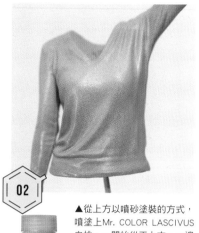

▲因為想讓上半身呈現夏季針織的輕薄感，就必須營造出布料的薄透質地，所以先將整個上半身塗上膚色。一開始塗上牛奶粉彩紅色套組CP11橘紅色當作底漆。

▲從上方以噴砂塗裝的方式，噴塗上Mr. COLOR LASCIVUS白桃。一開始從正上方，一邊觀察顯色狀況，一邊將噴塗位置往下移。但是不要低於直角90度的位置，也就是不要變成由下往上噴。

▲這是肌膚的基本塗裝。這個時候要用遮蓋膠帶遮蓋手腕。要畫出透視塗裝時，建議從這個步驟進入步驟07。

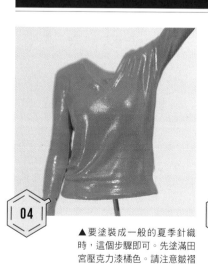

▲要塗裝成一般的夏季針織時，這個步驟即可。先塗滿田宮壓克力漆橘色。請注意皺褶深處是否都有塗到顏色。

▲用水性HOBBY COLOR橘黃色噴塗上本體色。要領和步驟02的Mr. COLOR LASCIVUS白桃相同，斜角噴砂塗裝。噴砂塗裝時，最好不要以增加漆膜厚度的方式，而是以點的密集度表現出顯色度。請注意不要完全遮蓋住之前塗的橘色。

▲在橘黃色混入消光白色提升明亮度，噴塗打亮。這也是利用噴砂塗裝的要領塗色，利用稍微噴灑散開的方式，更能營造出針織布料的質感。

07

▲從這個步驟開始要進入透視塗裝。用田宮琺瑯漆消光白色，描繪內搭的細肩帶上衣。這時為了表現針織的織紋，描繪出水平並列的筆觸。

08

▲在水性HOBBY COLOR透明橘色，加入雲母堂CC珍珠粉PC橘色混合後，重複噴塗上色。陰影部分用多次重複上色表現出來。使用珍珠粉塗料，是希望營造出布料質感。最後用消光鍍膜消光，撕掉遮蓋膠帶用筆塗調整袖口顏色。

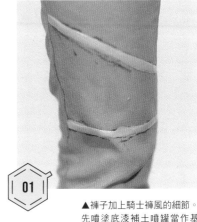

01

▲褲子加上騎士褲風的細節。先噴塗底漆補土噴罐當作基底，再用鉛筆追加細節底稿。沿著底稿在最外側縫線部分抹上液態補土。我很難用文字描述液態補土的稀釋程度，但是不要調得太稀。大約是可沾附在筆尖寬度的程度即可。

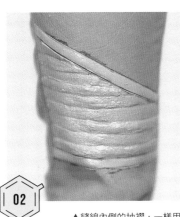

02

▲縫線內側的抽褶，一樣用液態補土重現。抽褶不是用刻紋，而是用並列的稜紋，來表現布料的自然曲線。抽褶寬度可由筆尖寬度決定。最後在縫線的交界用刀輕輕劃線。

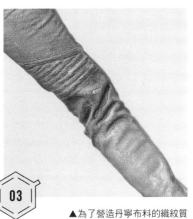

03

▲為了營造丹寧布料的織紋質感，整體先塗上墨線液（暗灰色）。顏色稍微不均也沒關係。

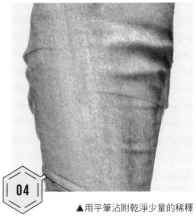

04

▲用平筆沾附乾淨少量的稀釋液，留下垂直擦拭的筆觸。這些筆觸就成了丹寧布料的織紋。另外，筆觸不需一致。原本丹寧布料就呈現斜向交錯的織紋，但是這次只畫出縱向織紋的紋理。

077

05

▲以噴砂塗裝的方式，噴塗上 Mr. COLOR灰色FS36622，上色程度大約是不要讓剛才描繪的丹寧布料紋理消失。

06

▲遮蓋膠帶沿著剛才塗裝完成的牛仔褲褲襬黏貼保護。之後，腳踝用牛奶粉彩紅色套組橘紅色塗上底漆。

07

▲以噴砂塗裝的方式，在表面噴塗上Mr. COLOR LASCIVUS 白桃。這次配合臉部簡單完成肌膚塗裝。

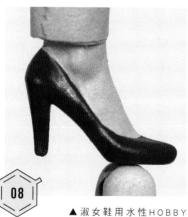

08

▲淑女鞋用水性HOBBY COLOR紅棕色筆塗上色。鞋子和肌膚之間要畫出乾淨俐落的分界線，不要歪斜。重複塗色時不要急，等表面乾了之後，再輕輕疊加薄塗。這時和硝基漆筆塗上色一樣，前一道塗料尚未乾時先不要下筆。

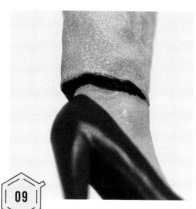

09

▲撕除遮蓋膠帶，褲襬和腳踝的交界用消光黑色塗色。由於為了重現牛仔褲褲襬的陰影，所以請注意不要畫到腳踝，以免變得不自然。

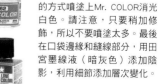

10

▲再次遮蓋腳踝，接合左右部件後，為了統一色調，用過噴的方式噴塗上Mr. COLOR消光白色。請注意，只要稍加修飾，所以不要噴塗太多。最後在口袋邊緣和縫線部分，用田宮墨線液（暗灰色）添加陰影，利用細節添加層次變化。

PAINT *by* CALORIES
Recipes for female figures

依卡路里分級的女性人物模型塗裝技法
國谷塗裝廚藝學院的簡易美人塗裝課程

作　　者　國谷忠伸
翻　　譯　黃姿頤
發　　行　陳偉祥
出　　版　北星圖書事業股份有限公司
地　　址　234新北市永和區中正路458號B1
電　　話　886-2-29229000
傳　　真　886-2-29229041
網　　址　www.nsbooks.com.tw
E - MAIL　nsbook@nsbooks.com.tw
劃撥帳戶　北星文化事業有限公司
劃撥帳號　50042987
製版印刷　皇甫彩藝印刷股份有限公司
出 版 日　2022年01月
I S B N　978-626-7062-04-3
定　　價　450元

如有缺頁或裝訂錯誤，請寄回更換。

國家圖書館出版品預行編目（CIP）資料

依卡路里分級的女性人物模型塗裝技法＝Paint by
calories：recipes for female figures／國谷忠伸
作；黃姿頤翻譯. -- 新北市：北星圖書事業股份有
限公司, 2022.01
　　80面；　21.0×25.7公分
　ISBN　978-626-7062-04-3（平裝）

1.玩具 2.模型

479.8　　　　　　　　　　　　　　110018217

SPECIAL THANKS

山城雅也
小野正志（Hot Lens）
森永洋
松本州平
林　浩己
高石　誠
吉岡和哉
二宮茂幸
太刀川カニオ
藤田祐樹
半谷　匠
毛利奈奈
堀口有紀
Histone
mamoru
もやし
株式會社田宮
株式會社 Entaniya
（排序不分先後、省略敬稱）

拍攝使用的材料
都是由工作人員精心準備。

臉書粉絲專頁　　LINE 官方帳號